GUIDE

AUX

EAUX MINÉRALES

DE

VITTEL

(VOSGES)

GUIDE

AUX

EAUX MINÉRALES

DE

VITTEL

(VOSGES)

MIRECOURT. — TYPOGRAPHIE DE L.-PH. COSTET.

GUIDE

AUX

EAUX MINÉRALES

DE

VITTEL

(VOSGES).

Par le docteur J. PATÉZON

MÉDECIN INSPECTEUR, LAURÉAT DE L'ACADÉMIE DE MÉDECINE,
MEMBRE DE LA SOCIÉTÉ D'HYDROLOGIE MÉDICALE DE PARIS
ET DE PLUSIEURS AUTRES SOCIÉTÉS SAVANTES.

PARIS

ADRIEN DELAHAYE, LIBRAIRE-ÉDITEUR

23, place de l'École de Médecine, 23

—

1867

GUIDE

AUX

EAUX MINÉRALES

DE

VITTEL

(VOSGES)

CHAPITRE PREMIER

Renseignements généraux

A 20 kilomètres de Mirecourt, 30 de Neufchâteau, est situé VITTEL, chef-lieu de canton du département des Vosges, pays agricole d'une population de 1,400 habitants, à portée des chemins de fer de l'Est et desservi par l'embranchement de Neufchâteau.

L'établissement hydrominéral est situé à 500 mètres du village ; il se compose d'une longue galerie fermée, qui sert de promenoir aux buveurs pendant les mauvais temps ; d'un salon commun, chauffé, où l'on trouve des journaux et des jeux ; d'un cabinet de lecture ; d'appareils complets de bains et de douches.

Les trois sources principales sont à proximité de

la galerie ; une d'entre elles est même renfermée dans un pavillon qui la termine à l'une de ses extrémités.

L'établissement se complète par un vaste hôtel bâti dans des conditions hygiéniques rares ; la distribution et l'ampleur des appartements ne laissent rien à désirer. Le propriétaire, M. Bouloumié, n'a rien négligé pour en faire un séjour agréable.

L'eau s'emploie en boisson, en bains, en douches.

Prise à l'intérieur, la dose en est assez variable ; toutefois, nous ne sommes pas partisan des doses exagérées.

Aucun estomac ne s'est montré jusqu'ici réfractaire à l'eau ; mais on comprend que certaines idiosyncrasies exigent des modifications dans son emploi et que chaque malade présente des indications spéciales ; la grande variété des sources nous permet de satisfaire à toutes les exigences du traitement.

La promenade, quelques jeux où l'on s'exerce sans se fatiguer, occupent avec l'eau à boire, les bains et les douches, quand il y a lieu, la matinée du buveur. Il se passe habituellement un quart d'heure entre chaque verre; mais, quand l'estomac semble mettre quelque lenteur à digérer, on laisse s'écouler un temps un peu plus long avant de boire le verre suivant.

L'eau doit être bue immédiatement après avoir été puisée, sous peine de voir disparaître une partie du gaz acide carbonique qui contribue si puissamment à sa digestibilité ; mais si la maladie est assez grave pour ne pas permettre de quitter le lit ou la chambre, chaque verre doit provenir d'une bouteille bien bouchée.

La menstruation ne contr'indique pas précisémen l'usage de l'eau en boisson, elle exige simplement une prudence plus grande et une diminution dans la quantité d'eau à boire ; les bains et les douches n'auront pas toujours besoin non plus d'être suspendus.

SAISON

On peut faire usage des eaux à la source du 1ᵉʳ juin à la fin de septembre. Les buveurs qui ne peuvent disposer que du temps d'une saison ordinaire, c'est-à-dire de 20 ou 25 jours, ne mettent pas d'intervalle entre les différentes périodes de leur traitement, qui se compose :

1° D'un temps d'augmentation dans la quantité de boisson ingérée ;

2° D'un temps de persistance dans l'emploi de l'eau à la dose la plus élevée qui est prescrite ;

3° D'un temps de diminution.

Mais si la maladie exige un traitement plus long, il faudra mettre quelque intervalle entre chaque période de 10 ou 12 jours, suspendre tout traitement pendant une huitaine de jours au milieu présumé de la saison.

Au reste, la combinaison de ces diverses périodes ne peut guère être laissée à la disposition du malade lui-même ; un homme de l'art doit nécessairement intervenir.

Quel que soit le bénéfice curatif que l'on emporté de la source, on ne doit jamais discontinuer brusquement l'usage de l'eau. Chaque malade en boira après être rentré chez lui. Cette méthode ne doit pas être négligée, surtout dans le temps qui suit de plus près la saison passée, et celui qui précède la saison à venir.

Ces remarqnes font pressentir que si l'usage continu de l'eau pendant un certain temps, est de rigueur, plusieurs saisons de suite sont aussi d'une incontestable utilité ; ce ne sont pas des maladies telles que la goutte, la gravelle, les catarrhes vésicaux qui peuvent disparaître radicablement en une vingtaine de jours.

L'eau de Vittel transportée conserve toutes les qualités qu'elle possède à la source ; propriété précieuse qui permet de l'employer à domicile.

En recommandant l'usage de l'eau à distance, je dois faire observer quelles modifications on apportera dans son emploi. Une bouteille le matin à jeun, en se promenant, suffira ; un peu plus tard, on diminuera cette dose qui ira en décroissant à mesure qu'on s'éloignera du temps de la saison ; on en reprendra ensuite la même quantité, mais en suivant une marche inverse comme préparation à la saison suivante.

BAINS

Les bains et les douches sont très-utiles dans le traitement.

Les bains tempérés nous servent généralement dans tous les cas où nous voulons obtenir une sédation, soit du système nerveux, soit de certains phénomènes inflammatoires qui indiquent la présence de corps étrangers dans les reins et la vessie avec retentissement douloureux dans les uretères, le bas ventre, etc., etc.

DOUCHES

La douche rend les services les plus grands pendant le traitement par l'eau minérale en boisson.

S'agit-il de stimuler par un moyen mécanique l'activité de la circulation cutanée, une douche en arrosoir fin, d'une durée de quelques minutes avec l'eau à diverses températures, puis la réaction naturelle qui en suit l'emploi, nous conduisent à notre but facilement et avec rapidité. Avec un jet plus volumineux, une température différente, un temps d'action plus long, nous agissons sur les parties plus profondes et portons dans le système musculaire une plus vive excitation.

La douche, cet auxiliaire puissant qui demande tant d'attention et de prudence dans son emploi, nous pouvons la considérer, et à plus d'un titre, comme indispensable dans les maladies qui sont du ressort de nos Eaux.

Dans les cas où la contractilité des sphincters de l'anus et de la vessie a perdu de sa puissance, quand l'excrétion des matières fécales et de l'urine est devenue difficile ou impossible, l'eau va réveiller l'énergie des organes paresseux et rendre la vie aux fibres paralysées.

Elle va secouer profondément les organes et provoquer la rupture des adhérences qui retiennent les graviers attachés aux calices et aux bassinets.

A la température native, l'hydrothérapie l'utilise avec succès.

Sous leur influence, les vaisseaux hémorrhoïdaires se développent et fluent ; cette congestion rectale a souvent une heureuse influence sur les *embarras encéphaliques* et les *obstructions abdominales*.

Dirigées dans le vagin, elles vont agir sur les engorgements atoniques du col de l'utérus, et activer dans cet organe une circulation languissante qui entretient l'hypertrophie.

EMPLOI TOPIQUE

L'usage de l'eau est parfaitement légitimé dans les affections muqueuses ou glandulaires des yeux ; des lotions très-fréquemment répétées modifient heureusement les flux muqueux de la conjonctive oculaire. Elle a été employée avec avantage dans les cas de plaies des membres et a guéri plusieurs fois des varices ulcérées et en suppuration.

PROMENADES ET EXCURSIONS

Les buveurs et les touristes trouvent à proximité de Vittel des promenades et des buts d'excursions très-intéressants.

A part une excursion dans les montagnes des Vosges, qui ne peut se faire que dans un temps de repos séparant deux saisons ou à la fin d'une cure, nous citerons les localités suivantes :

Chèvre-Roche

Cet ermitage curieux, perdu dans la forêt et dominant un vallon étroit et verdoyant, est remarquable par une ancienne chapelle où l'on voit encore une tourelle d'architecture sarrasine. La tradition prétend que le cardinal de Retz vint y chercher un refuge lors de son exil, mais rien n'est moins certain. Au milieu d'un bassin d'alluvion se dresse un rocher surmonté de ruines, le tout à peu près inaccessible. La contrée est très-pittoresque ; la route qui longe le ruisseau et qui conduit de Vittel à Darney est charmante à parcourir.

Lorima

Le paysage est dominé par le point de vue de Lorima, dont la hauteur permet d'embrasser un vaste horizon. De là on aperçoit les montagnes des Vosges et la vaste échancrure qui conduit à Epinal.

Le Chêne des Partisans

Dans la forêt de Saint-Ouën, tout près du village de la Vacheresse, se trouve un chêne gigantesque archiséculaire, dont le tronc mesure 13 mètres, la hauteur 23, et qui couvre de son ombre un diamètre de cent pieds. « On l'appelle le *Chêne des partisans*, dit M. Charton, parce que, sous son vaste feuillage, s'assemblaient les *partisans* lorrains qui, lors du siége de La Mothe, allaient rançonner les villages soumis à la domination française et harceler l'armée du roi. A cette époque, ce géant des forêts se distinguait déjà par son développement et comptait cent cinquante ans. Son âge est donc de près de quatre cents ans aujourd'hui. Le temps lui a bien fait quelques entailles, mais il n'a pas courbé sa prodigieuse stature, et cet arbre est toujours admiré par les curieux qui le visitent. »

A très-peu de distance du Chêne des Partisans, on en remarque un autre, auquel le premier ne fait nullement tort ; celui-là est moins ancien, moins volumineux, mais il est plus vivace.

Ruines de La Mothe

Sur la route de Lamarche à Neufchâteau, entre les deux villages de Soulaucourt et Outremécourt, à 506 mètres au-dessus du niveau de la mer, s'élève la montagne de La Mothe. C'est presqu'un pain de sucre couronné autrefois par une forteresse importante, réputée imprenable et dont on ne trouve plus que les ruines. Ce formidable boulevard de la Lorraine subit plusieurs assauts. Une première fois, Richelieu la fit assiéger et prendre en 1634 par le maréchal de Caumont-Laforce. — Une seconde fois, Du Hallier l'assiégea, mais ne put la prendre et se fit battre à Liffol-le-Grand. — Une troisième fois, en 1645, par le marquis de Villeroi et le jeune prince de Condé, envoyés par Mazarin ; la place fut

vaillamment défendue par Cliquot. La forteresse et
toutes les maisons des habitants furent rasées, et,
pour cette œuvre de destruction, on convoqua,
comme pour un service militaire et sous les peines
les plus sévères en cas de refus, les villes et les
bourgades du duché de Lorraine.

Bulgnéville

Chef-lieu de canton auquel on arrive par une
route charmante. En 1431, le duc René Ier y fut
battu et fait prisonnier par Antoine de Vaudémont.

Mattaincourt.

Sur la route de Vittel à Mirecourt, à trois kilomètres de cette dernière ville, on rencontre le village de Mattaincourt, célèbre par un pèlerinage au
tombeau du bienheureux Pierre Fourier, qui en
fut curé en 1597. On y a bâti ces années dernières
une église dans le style gothique. « Par sa piété,
par ses vertus, par sa charité et sa philanthropie,
Fourier a honoré non-seulement son siècle et son
pays, mais l'humanité tout entière ; à juste titre, il
a été nommé le Vincent de Paul de la Lorraine. »
(CHARTON.)

Saint-Baslemont

Saint-Baslemont, dit le même auteur, montre sur
un vaste plateau les deux grosses tours de son an-

cien château-fort. Les seigneurs de Saint-Baslemont assignaient à leur dynastie une date très-ancienne.

En 1635, les Suédois vinrent assiéger leur château, mais il leur fut impossible de s'en rendre maîtres, et, furieux de leur échec, ils pillèrent puis incendièrent le village, où il ne resta plus que cinq maisons. Il existe encore une terrasse spacieuse et une partie du château.

Norroy

Houillères. — Ancienne commanderie de Templiers.

Crainvilliers

Houillères.

La Hutte --Droiteval — La Planchotte — La Rochère Clairey.

Forges et verreries.

Contrexéville

Établissement ancien.

CHAPITRE II

Propriétés physiques et chimiques

§ Ier

La constitution géologique des terrains du bassin de Vittel explique pourquoi, dans un espace assez restreint, une masse d'eau est venue émerger et pourquoi ces eaux ont toutes entre elles de notables différences.

On n'y compte pas moins, en effet, de quatorze à quinze sources minérales, et, de plus, une fort belle fontaine d'eau ordinaire. Les résultats de l'analyse ont permis de grouper en trois catégories distinctes les sources diverses dont le volume total et invariable n'est pas inférieur à 300 litres par minute, soit 4,320 hectolitres par jour. Ces trois groupes sont des plus importants en hydrologie minérale, comme il est facile de s'en convraincre d'après l'énumération suivante :

1° *Eau ferro-magnésienne.* — *Sulfatée mixte.* — *Diurétique.* (Grande Source.)

2° *Eau magnésienne calcaire.* — *Purgative.* (Source Marie.)

3° *Eau ferrugineuse bicarbonatée.* — *Tonique.* (Source des Demoiselles.)

Toutes ces sources ont une commune origine ; leur différence de minéralisation tient tout simplement à la non identité des terrains qu'elles traversent pour arriver à leur point d'émergence. Elles sortent de terre à peu de distance du village.

Une vallée, largement orientée du nord au midi, permet par son évasement la circulation de l'air auquel elle ouvre sa large enceinte, qu'un courant continu et modéré balaie, nettoie et assainit. Pas d'humidité, pas de ces brouillards, de ces vapeurs épaisses et condensées qui laissent sur les vêtements le soir, au coucher du soleil, les traces de leur rhumatismale et malsaine influence.

Le petit Vair, grossi dans Vittel même par le ruisseau de Lignéville, coule du sud au nord ; au fond de la vallée, il se réunit au grand Vair, aux pieds de Saint-Remimont, pour aller de là verser son tribut dans la Meuse, non loin du patriotique village de Domremy.

L'altitude du point d'émergence des sources, autrefois appelée Fontaine de Gérémois, est cotée sur la carte de l'Etat-Major 336 mètres au-dessus du niveau de la mer.

Les sources minérales émergent du muschelkalk, qui se trouve à Vittel immédiatement placé sous les marnes irisées. Vittel est dominé lui-même à l'Est et à l'Ouest par des mamelons de marnes irisées qui présentent les mêmes indications géologiques que celles des localités environnantes, Lamarche, Bourbonne, etc.

Venant du calcaire coquillier, elles traversent les marnes irisées avant d'émerger ; elles sont absolument et complétement soustraites aux variations atmosphériques qui n'ont aucune influence, ni directe, ni indirecte sur leur constitution physique et chimique, ce qui fait qu'elles ne troublent jamais et qu'elles donnent toujours le même volume d'eau.

Jaugées un grand nombre de fois et à toutes les époques de l'année, elles ont toujours fourni la même quantité dans le même temps, ainsi que l'ont constaté MM. les Ingénieurs des mines.

L'on comprend, sans qu'il soit besoin d'insister longuement sur ce sujet, combien cette inaltérable stabilité dans la quantité d'eau fournie par une source minérale a d'importance dans le traitement. Leur limpidité est aussi inaltérable que leur volume et pour les mêmes motifs.

La température de la Grande Source est de 11° cent. 25, celle de la source Marie, de 11° 38 au fond de la source. C'est ce qui résulte d'une série de travaux et d'expériences comparatives, faites sur place par M. Walferdin.

La source diurétique et la source ferrugineuse examinées attentivement, s'élancent de leur point d'émergence par ondulations saccadées et rhythmiques, aussi régulières que les battements du pouls. La source purgative ne permet pas d'apprécier aussi bien que dans les deux autres ce curieux phénomène, mais elle en offre un autre non moins remarquable qui consiste dans le bouillonnement violent de l'eau à intervalles très-réguliers.

§ II. — Grande Source. *(Diurétique.)*

Propriétés physiques spéciales et propriétés chimiques.

Son rendement constant est de 85 litres à la minute ; elle est limpide et fraîche ; elle est reçue à son point d'émergence dans une vasque circulaire, creusée dans un bloc de grès. Par heure : 5,100 litres.

Par le repos, une pellicule irisée très-ténue, recouvre sa surface. Son canal d'écoulement s'incruste d'une manière ocreuse et se tapisse d'une substance organique onctueuse, veloutée, qui persiste au loin. Examinée dans un verre, récemment puisée, on voit monter des bulles de gaz acide carbonique qui deviennent plus nombreuses et tapissent tout l'intérieur du verre si on le laisse à l'air quelques instants.

Son odeur est faiblement martiale ; sa saveur aigrelette est légèrement atramentaire.

Dans le compte-rendu des analyses des Eaux de Vittel à l'Académie de médecine, M. O. Henry s'exprime ainsi :

« A. 4 kilomètres environ de Contrexéville, dans
« les Vosges, sur la commune de Vittel, il existe
« une source minérale froide, dont l'eau offre avec
« celle de Contrexéville une assez grande analogie
« de composition chimique et surtout de propriétés
« médicales. Elle offre quelques avantages réels sur
« cette dernière, dont la réputation remonte à une
« époque très-ancienne. Cet avantage est particu-
« lièrement celui de ne pas fatiguer l'estomac

« comme l'autre, souvent très-lourde à digérer, et
« de produire des purgations légères, salutaires
« dans plus d'une circonstance. L'analyse exécutée
« sur les lieux et sur le produit de l'évaporation de
« 25 à 30 litres au moins de liquide, a donné la
« composition suivante pour un litre d'eau :

Acide carbonique libre	1/10me du vol.
Bicarbonate de chaux	0ᵍ185
Id. de magnésie	} 0,079
Id. de soude	
Id. de protoxyde de fer, avec manga-	
nèse *(indices)*.	0,010
Sulfate (supposé *anhydre*) de chaux	0,440
Id. de magnésie . . .	0,432
Id. de soude	0,326
Id. de strontiane. . .	*(traces.)*
Chlorures de sodium *(peu)*	} 0,220
Id. de magnésium.	
Silice, — alumine	
Phosphate calcaire	
Sel de potasse et ammoniacal	
Iodure *(indices)*	} 0,047
Principe arsenical *(sensible)*	
Matière organique de l'humus	

1ᵍ739ᵐ

M. Ossian Henry continue :

« On voit qu'il existe beaucoup d'analogie entre
« ces eaux et celles de Contrexéville ; seulement le
« rapport entre la *chaux* et la *magnésie* se trouve
« dans celle de Vittel dans des conditions plus avan-
« tageuses. Ainsi, lorsqu'on trouve à Contrexéville
« 4 de chaux pour 1 de magnésie, on constate à
« Vittel 1,67 de chaux pour 1 de magnésie. Ces

« circonstances expliquent comment l'eau de Vittel
« est plus digestive que celle de Contrexéville, etc. »

Moins calcaires et plus magnésiennes, plus digestives, supportant mieux le transport que celles de
Contrexéville, telle est une partie des motifs qui ont
déjà fait adopter les eaux de Vittel de préférence à
leurs voisines par un certain nombre de praticiens.
M. le docteur Peschier, médecin du Corps législatif,
rend de nos eaux le témoignage suivant :

« Leur suprématie dans le traitement de la goutte,
« de la gravelle, du catarrhe de la vessie, etc., etc.,
« sur toutes les autres eaux est tellemeut patente,
« que nous n'insisterons pas sur les résultats que
« nous en avons obtenus dans notre pratique. »

§ III. — SOURCE MARIE. *(Purgative.)*

Eau magnésienne calcaire

La source Marie coule à proximité de la grande
galerie dans un bassin hexagonal, enfermé dans un
pavillon de même forme.

Cette eau, quoiqu'un peu fade, n'est nullement
indigeste.

Son rendement est de 88 litres par minute, —
(soit 5,280 litres par heure). Comparée à celle de la
Grande Source au point de vue des sels purgatifs,
de la magnésie surtout, nous remarquerons que la
première n'en contient que 0 gramme 471, et la
seconde 1,175 ; aussi, tout en agissant sur les fonç-

tions des reins, la source Marie agit plus énergi-
quement encore sur les sécrétions intestinales.

Son analyse fut faite avec les mêmes précautions
et par le même chimiste que celle de la Grande
Source : M. Ossian Henry donne par litre les chiffres
suivants :

Acide carbonique libre	*fort peu.*
Bicarbonate de chaux.	⎫
Id. de magnésie	⎬ 0,310
Sulfate (supposé *anhydre)* de chaux.	1,100
Id. de magnésie.	1,020
Id. de soude	0,350
Chlorures alcalins et terreux	0,100
Silice, alumine.	⎫
Phosphate	⎬ 0,400
Oxyde de fer *(traces)*.	⎭
Matières organiques de l'humus	
	3,280

Les eaux magnésiennes sont très-rares.

« Nous ne trouvons en France que quelques eaux
« minérales ignorées qui puissent se rattacher à la
« division des eaux sulfatées magnésiques. » (Du-
rand-Fardel.)

Les propriétés purgatives de l'eau magnésienne
ont déjà été constatées sur de nombreux sujets.

§ IV. — Source des Demoiselles. *(Tonique.)*

Eau ferrugineuse bicarbonatée

Le bassin de réception est placé, comme celui de
la Grande Source, immédiatement sur le point d'é-
mergence. Mêmes qualités de limpidité, d'invaria-

bilité de volume et de température que les autres sources.

L'eau ferrugineuse de Vittel contient une quantité d'acide carbonique suffisante pour maintenir les sels de fer à l'état de bicarbonates, plus un léger excédant de gaz libre qui reste en solution dans l'eau et suffit pour conserver dissoutes les combinaisons carboniques du fer. Le mode de bouchage contribue aussi sans contredit à ce dernier résultat, en conservant intact le gaz libre que l'eau renferme, et en empêchant la combinaison du fer avec le tannin des bouchons. C'est pourquoi elle ne laisse pas déposer le fer qu'elle contient.

La source ferrugineuse est captée sous un pavillon circulaire construit de pierres ferro-manganiques rouges avec de larges taches brunes d'un effet très-pittoresque.

Ce pavillon fait presque face à la grande galerie et se perd pendant la belle saison dans les arbres et les fleurs.

La source des Demoiselles contient par litre d'eau :

Acide carbonique libre	0,080
Bicarbonate de chaux	0,730
— de magnésie.	
— de protoxyde de fer avec crénate et manganèse	0,041
Sulfate (supposé *anhydre)* de chaux	0,440
— — de magnésie	0,610
— — de soude.	
Silice, alumine, phosphate, iode et principe arsenical *(indices)*.	0,480
Matières organiques de l'humus.	
	2,381

§ V. — DRAGÉES FERRUGINEUSES

Dragées ferro-manganésiennes crénatées

Enfin, il nous reste à mentionner un produit naturel des sources minérales qui trouve une application fréquente dans toutes les maladies où les ferrugineux sont indiqués, et qui semble le complément naturel, l'adjuvant des eaux ferrugineuses.

En creusant le sol pour fixer l'emplacement de la galerie et du salon, on découvrit un amas considérable de terre rougeâtre, friable et se dissociant dans la main comme du sable terreux impalpable. Cette portion de terrain est imprégnée d'eau minérale, la moindre excavation se remplit d'eau rapidement ; elle y suinte de toutes parts.

L'analyse chimique vient démontrer que, dans ce dépôt existaient tous les éléments que l'on rencontre dans nos différentes sources.

MM. Pommier, Filhol, professeur à la Faculté des Sciences de Toulouse, O. Henry, qui ont fait cette analyse, y ont trouvé les principes suivants. Voici sa composition : 100 grammes de dépôt anhydre donnent :

Carbonate de magnésie . . . . }	21ᵍ39
Id. de chaux, parties à peu près égales }	
Acides crénique et apocrénique	3,85
Sesquioxyde de manganèse	14,54 } 70 49
Sesquioxyde de fer	55,95 }
Silice	4,27
Principe arsenical	*très-sensible*
Iode	*sensible.*

100ᵍ00ᶜ

Ce dépôt lavé et privé de toutes les matières étrangères, est mis sous forme de dragées qui se croquent comme les anis de Verdun dont elles rappelle l'arôme. Chaque dragée est du poids de 0 gr. 15 ; sa surface seule est recouverte de sucre. C'est un véritable bonbon que tous les estomacs supportent parfaitement et qui réussit dans la plupart des cas où les ferrugineux pharmaceutiques sont indiqués, et ne produit pas la constipation.

Tous les éléments de l'eau de Vittel concourent, chacun dans sa sphère, à un but thérapeutique.

La température, l'acide carbonique, les sels de potasse, de soude et de chaux et jusqu'à la quantité d'eau absorbée et la manière dont le traitement est dirigé, ont pour résultat le rétablissement du calme et de la régularité dans les fonctions.

Les effets curatifs de l'eau ne peuvent se manifester que consécutivement à l'absorption d'une quantité variable de liquide ; les phénomènes appréciables de son action varient suivant les organes et les appareils où on les étudie.

CHAPITRE III

§ I. — ESTOMAC

On doit entendre par *dyspepsie* toute difficulté
dans l'acte de la digestion. C'est une maladie très-
commune, susceptible de se développer sous l'influence d'une multitude de causes soit hygiéniques,
soit physiologiques. La mauvaise distribution des
repas, le travail intellectuel tout en sortant de table, le
travail mécanique qui force à pencher le corps en
avant et souvent même à appuyer l'estomac contre
un corps résistant, la mastication incomplète,
l'usage d'un corset trop serré, etc., etc., les passions tristes et dépressives, les professions et les
habitations insalubres, une alimentation insuffi-
sante, les maladies chroniques d'un organe autre
que l'estomac, telles sont une partie des causes qui
donnent lieu à la dyspepsie.

L'appétit est presque constamment diminué, les
digestions sont longues, pénibles, l'estomac est le
siége d'une distension gazeuse incommode qui
gêne la respiration et force à desserrer les vêtements ; le creux de l'estomac est presque toujours

sensible à la pression, quelquefois l'épigastre est le siége de douleurs obtuses ou d'un caractère particulier analogue à une brûlure, d'où le nom de *pyrosis*. Souvent la langue est épaisse, chargée le matin, la bouche est mauvaise, amère ou fade, il y a des envies de vomir, fréquemment même il y a des vomissements de liquides divers, tantôt insipides, tantôt amers, c'est ce qu'on appelle la *pituite*. Constamment les fonctions du ventre sont dérangées ; il est rare de remarquer de la diarrhée, le plus ordinairement il y a de la constipation, il y a souvent aussi de la migraine, des douleurs névralgiques dans différents points du corps, principalement autour du front, au-dessus des yeux. Les hémorrhoïdes ne sont pas rares. Dans certain cas, la dyspepsie persiste au même degré, que l'estomac soit vide ou plein, dans d'autres elle augmente ou diminue par l'ingestion des aliments. Une autre variété consiste dans la production de coliques pendant la digestion et le besoin immédiat d'évacuer une garde-robe liquide.

Pendant une digestion pénible, il s'élève vers la tête des bouffées de chaleur incommode. L'hypochondrie accompagne souvent la dyspepsie.

Dans la dyspepsie alcoolique il y a constamment des vomissements aqueux le matin et un certain embarras de la tête.

Traitement. — Éloignez la cause de la maladie, sinon n'espérez rien du traitement. La thérapeutique de la dyspepsie admet une grande variété de médication et de médicaments. Pour peu que la dyspepsie soit liée à la chlorose, ce qui arrive fréquemment, il faudra donner de préférence les Eaux qui contiennent du fer. De tous les remèdes, ceux qui ont eu le plus de succès, ce sont les sels de potasse, de magnésie et surtout de chaux ; les eaux magnésiennes seront plus particulièrement applicables au cas où il y a une constipation plus ou moins rebelle.

Les Eaux de Vittel sont, en raison de leur composition, applicables aux cas les plus variés de la maladie qui nous occupe.

1re OBSERVATION

Dyspepsie flatulente

Mme T., âgée de 37 ans, veuve depuis cinq ans, a été abreuvée de chagrins dans ces dernières années. Mme T., après la mort de son mari et celle de deux enfants, s'enferma chez elle, ne prit plus d'exercice, mangea quand il lui en venait la fantaisie, se couchait souvent après n'avoir mangé de toute sa journée que quelques cuillerées de café au lait. Il arriva un moment où l'appétit fut à peu près nul, les digestions extrêmement laborieuses s'accompagnant d'une distension de l'estomac au point d'obliger Mme T. à desserrer tous ses vêtements. Il y a une sensation permanente de froid dans le dos et les membres, les garde-robes sont rares et pénibles, les urines renferment souvent de l'acide urique. La menstruation, quoique régulière, est peu abondante, peu colorée et très-pénible. Cédant à des instances réitérées, Mme T. se décida à venir à Vittel, où elle s'installa pour six semaines. Le début de la cure fut des plus orageux ; pendant la première semaine, j'eus à lutter contre un estomac dans le plus mauvais état et contre le découragement profond et la mauvaise volonté de la malade. Enfin quelques verres d'eau furent tolérés, il revint un peu d'appétit, un peu d'énergie, et progressivement, en ménageant du repos en temps utile, nous parvînmes à triompher de cet état, déjà grave, et qui se serait aggravé de plus en plus. Aujourd'hui, malgré une petite rechute, Mme T. est, après une longue saison passée à Vittel, dans l'état le plus satisfaisant.

2e Observation

M. P., âgé de 57 ans, limonadier depuis 15 ans dans un quartier peu aéré, ne prenant de l'exercice que par ses allées et venues dans son établissement, constamment dérangé dans ses repas, mangeant souvent debout ou en marchant, a, ainsi qu'il l'appelle, la *pituite*. Tous les matins, au moment où il se lève, il est un bon quart d'heure à tousser, cracher, vomir, et il n'est soulagé que quand il a rendu des glaires fades en assez grande abondance. L'appétit est encore assez bon, mais les digestions sont très-longues, s'accompagnant de distension de l'estomac et de renvois de gaz par la bouche. Le traitement a consisté, à Vittel, en affusions froides générales, en douches, en pluie sur tout le corps, mais principalement autour du tronc; en eau de la Grande Source en boisson; je recommande en outre la plus grande régularité dans les heures des repas et une petite promenade au dehors après avoir mangé.

Deux cures à Vittel et les précautions hygiéniques recommandées, ont rendu à M. P. un excellent estomac et de bonnes digestions.

3e Observation

Mme O., 44 ans, à la tête d'une grande maison de lingerie, vit depuis dix ans dans les alternatives d'un travail écrasant ou d'un repos relativement très-grand, sans transition. Dans les moments de presse et de confection, Mme O. ne dort plus, ne mange plus et maigrit beaucoup ; les accès de migraine se multiplient, la fatigue amène des maux de reins et presque de suite les urines deviennent rares, chaudes, et charrient des sables rouges. Pendant le temps de repos, Mme O. sort, reprend un peu de sommeil et un peu d'appétit, mais, à mesure que le temps marche, l'intervalle de repos devient de plus en plus insuffisant pour réparer les fatigues du temps de travail. Quitter le commerce était le seul moyen de remettre en bon état une santé aussi compromise : la chose n'était pas praticable. Mme O. fut envoyée à Vittel dans un des intervalles de repos. Une cure de vingt et un jours eut un résultat très-satisfaisant ; Mme O., non-seulement se remit des fatigues de son travail, mais le temps de ses plus grandes occupations, qu'elle ne put malheureusement pas modifier, laissa à sa suite beaucoup moins de fatigue que l'année précédente. Une seconde cure suivie de plus de calme dans les affaires amena le rétablissement complet de la santé.

Dans toute maladie, dès qu'on sera parvenu à découvrir les causes, on ne devra songer au traitement qu'après les avoir détruites ; dans les affections de l'estomac plus que dans toutes les autres, l'infraction aux lois de l'hygiène étant souvent le point de départ des troubles qui surviennent dans la digestion, il faudra avant tout s'occuper de remettre le malade en possession d'une hygiène convenable.

J'ai déjà eu souvent l'occasion d'insister sur ce fait, que dans beaucoup de maladies qui sont par leur nature fort étrangères à l'estomac et à ses fonctions, cet organe ne tarde cependant pas à se déranger, surtout dans les maladies chroniques. Je puis affirmer que j'ai vu très-peu de malades atteints d'une affection sérieuse et durant depuis un certain temps, qui n'aient des digestions pénibles, peu ou point d'appétit, quelquefois des vomissements d'eau le matin et presque toujours de la constipation. Mais, comme compensation à cette tendance de l'estomac à se prendre à propos de toute autre maladie, je signalerai son aptitude spéciale à manifester les premiers symptômes de l'amélioration.

Cette corrélation entre la participation prompte ou tardive de l'estomac aux désordres généraux et partiels de l'économie, et le réveil de ses fonctions plus ou moins longtemps avant la disparition d'aucun phénomène morbide, s'est présentée à moi un trop grand nombre de fois pour que je ne la considère pas comme un fait général ne souffrant que très-peu d'exceptions, constaté aussi par M. Patissier.

Du reste, M. Trousseau, dans ses leçons cliniques, dit des Eaux minérales de la nature de celles de Vittel qu'elles sont *peptiques,* c'est-à-dire aidant à la digestion. L'éminent professeur caractérise par ce mot une de leurs plus précieuses vertus; en améliorant les fonctions de l'estomac, elles conduisent directement à l'amélioration générale et à la guérison.

§ II. — Intestins

Diarrhée. — Constipation

Je mets de côté toutes les maladies du tube digestif et de ses annexes qui consistent en tumeurs dures, molles ou ulcérées de mauvaise nature.

Il est rare d'observer la diarrhée comme seul symtôme d'une maladie d'intestins, elle alterne ordinairement avec la constipation dans les maladies anciennes du tube digestif contractées soit en temps d'épidémie soit dans les pays chauds. L'entérite

chronique, la péritonite chronique souvent entrete-
nues par un état de débilité générale, guérissent
sous l'influence d'eaux ferrugineuses, et je pourrais
citer maints exemples de résultats très-satisfaisants
obtenus à Vittel dans des cas de ce genre.

La *constipation* est au contraire une maladie
très-fréquente. Quand elle ne dépasse pas une certaine limite, elle est à peine considérée comme une
incommodité. Mais à un certain degré c'est une maladie assez grave souvent, mortelle quelquefois et
qu'en général on néglige trop, parce qu'on n'en
soupçonne pas la gravité.

La constipation peut naître sous l'influence d'une
foule de causes en tête desquelles je place les habitudes sédentaires.

Les femmes sont plus souvent constipées que les
hommes; l'âge avancé prédispose singulièrement
à cette affection. La diète un peu prolongée, le séjour au lit, les voyages longs ou fréquents en voiture, telles sont quelques-unes des causes qui font
naître la constipation.

Les effets et les symptômes de la constipation
varient du plus au moins suivant l'ancienneté de la
maladie et la facilité des évacuations.

Chez certaines personnes, c'est à peine une incommodité; chez d'autres, les vieillards surtout, la
maladie prend un haut degré de gravité en raison
des accidents auxquels elle peut donner lieu. Dans
presque tous les cas, l'appétit diminue, et la digestion se ressent du malaise des dernières voies. Chaque digestion s'accompagne de flatulences gastriques, de tension gastro-abdominale, de gaz bruyants

et mobiles dans l'intestin, de pesanteur générale, d'apathie, de douleurs lombaires. Il existe une sensation pénible de poids sur l'anus et dans le bas ventre.

La circulation abdominable languissante occasionne des hémorroïdes qui dégénèrent quelquefois en tumeurs de mauvaise nature ; provoque des congestions au foie, à la rate, modifie le cours de la bile, *fait refluer le sang au cerveau*, détermine des congestions de cet organe et même des *coups de sang*.

L'homme constipé est inapte au travail, sujet à des étourdissements, des vertiges, est somnolent

Chez les femmes, c'est l'origine de flueurs blanches, débilitantes, pertes utérines, déplacements de la matrice.

Les efforts nécessaires pour aller à la selle sont souvent cause de chutes du rectum, de fissures à l'anus, maladie horriblement douloureuse, de hernies ou d'engouement de hernies anciennes, de rupture d'anévrismes, en un mot de tous les accidents que peuvent produire les efforts en général. On voit à quels nombreux dangers expose la constipation. Il est évident que pour se mettre à l'abri des accidents auxquels peut donner lieu la constipation, il faut en détruire la cause, on ne réussira qu'à ce prix ; mais, ainsi que je l'ai déjà fait remarquer, il arrive souvent que l'effet persiste, malgré l'éloignement de la cause. Pour détruire la constipation, les sels purgatifs sont les médicaments les plus rationnellement indiqués.

Mais ici je dois faire une remarque, c'est que

l'administration des purgatifs est presque constamment suivie d'une augmentation dans l'intensité
de la constipation ; donc, les purgatifs ordinaires
administrés dans le but de vaincre un resserre-
ment habituel du ventre manquent non-seulement
leur but, mais produisent au contraire un effet
complétement inverse, c'est-à-dire augmentent la
maladie. A la suite des observations, j'exposerai en
quelques mots la manière d'agir des eaux minérales
purgatives et je ferai ressortir les différences de
leur action comparée à celle des purgatifs pharmaceutiques.

4ᵉ OBSERVATION

Constipation

Mᵐᵉ D., 32 ans, d'une belle et forte constitution, n'a jamais
eu une vie bien active, à part des voyages en voiture ou en
chemin de fer. Peu à peu les fonctions du ventre sont devenues paresseuses. Pendant un certain temps, la constipation
qui durait quatre à cinq jours, n'avait aucun inconvénient,
mais insensiblement l'appétit a diminué, les digestions sont
devenues plus laborieuses ; le ventre a été le siége de quelques
douleurs diffuses, mais qui ont fini par se fixer dans les deux
côtés du bas-ventre. Tout l'abdomen est devenu volumineux.
Mᵐᵉ D. ne peut se baisser qu'avec difficulté ; après chaque
repas, la figure devient cramoisie ; bourdonnements dans les
oreilles, la respiration est gênée ; il y a des menaces d'hémorrhoïdes ; chaque selle, qui n'arrive qu'après de nombreux lave-
ments et avec de grands efforts, est presqu'insignifiante.

Deux saisons passées à Vittel, à une année d'intervalle et en
faisant usage de l'eau de la source Marie, ont vaincu cette
constipation, qui menaçait de s'aggraver de plus en plus. Aujourd'hui il y a une selle quotidienne, et tous les symptômes
d'embarras ont disparu.

5ᵉ OBSERVATION

Mᵐᵉ R., 35 ans. A la suite de plusieurs fausses couches et de deux accouchements très-laborieux, Mᵐᵉ R. souffrit en même temps de l'utérus et d'une constipation invincible. Laissant de côté ce qui regarde la matrice et ne considérant que la constipation, nous dirons que cette dernière affection entre pour beaucoup plus que la première dans le mauvais état de santé de Mᵐᵉ R. La corrélation qui existe entre les dernières voies et l'estomac produisit par suite de la constipation un dérangement notable dans les digestions. Même en mangeant, Mᵐᵉ R. est obligée de desserrer sa robe; comme dans l'observation précédente, il y a de la rougeur avec chaleur à la figure, des bourdonnements d'oreilles, des hémorrhoïdes fluentes; de l'acué sur les épaules, autour du menton et des ailes du nez. L'eau de la source Marie, employée à domicile, produisit quelqu'amélioration; deux saisons à la source même ont complétement guéri Mᵐᵉ R. de sa constipation.

6ᵉ OBSERVATION

Mᵐᵉ L., 41 ans, n'est constipée que depuis deux ans. Ayant passé subitement d'un état de fortune médiocre et presque gêné à une condition très-différente en sa faveur, Mᵐᵉ L. se prit à voyager. L'oisiveté et les voyages furent le signal du dérangement dans sa santé, et ce dérangement commença par de la paresse dans les fonctions du ventre. De là à la constipation il s'écoula peu de temps, et des désordres du côté de l'utérus ne se firent pas attendre. Mᵐᵉ L. éprouve de la pesanteur dans les aines, sur le ventre, elle est affligée d'une leucorrhée très-abondante qui date de sa constipation, et l'utérus est en antéversion. Il est à remarquer que jamais Mᵐᵉ L. ne ressentit rien ni du côté du ventre ni du côté de l'utérus avant cet échauffement; tout ce qui se passe dans ces organes date de cette époque. Que l'on joigne à cela une hypochondrie profonde, et l'on aura une idée du triste état de Mᵐᵉ L. Une première année à Vittel, contrariée par un découragement profond, ne parut pas produire grand effet ; mais cependant l'hiver fut meilleur que le précédent, et la constipation était un peu moindre. L'année suivante eut un résultat plus satisfaisant, mais il fallut que Mme L. modérât ses voyages et se livrât à un exercice convenable à pied ou dans son jardin pour recouvrer son état de santé primitif.

7e Observation

M. R., 57 ans. Employé dans un bureau et ayant toujours mené une vie très-sédentaire. M. R., tant qu'il fut jeune, ne s'occupa guère de son hygiène, mais par les progrès de l'âge, par suite d'un affaiblissement inévitable à mesure que marchent les années, par suite d'une aggravation progressive de sa constipation, il commença, vers l'âge de 50 ans, à éprouver des difficultés réelles dans l'accomplissement de l'acte de la défécation. Les efforts qu'il avait été obligé de faire lui avaient valu une hernie facile à contenir au début, mais plus tard sortant à chaque instant de dessous le bandage, qui ne pouvait plus recouvrir un anneau très-dilaté. Tout ceci eût été encore supportable, mais des obnubilations, des tintements d'oreilles, des étourdissements et enfin une paralysie au côté gauche furent le résultat final de cette constipation. Aujourd'hui M. R. est paralysé incomplétement, a des hémorrhoïdes qui le font beaucoup souffrir, une hernie qu'on ne peut presque plus contenir, et, de temps en temps, des étourdissements. Le but du médecin, en présence d'un semblable état, est de s'attaquer à la constipation. Il fallut trois années pour en venir à bout, et l'usage presque constant, à domicile, de l'eau de la source Marie. Les étourdissements ont disparu, les selles sont normales et quotidiennes, la paralysie est en voie d'amélioration.

Il est quelques maladies dans lesquelles le praticien faisant usage des purgatifs, ne se propose que d'évacuer les matières renfermées dans l'intestin ; dans certains cas, il s'agit d'opérer une révulsion

énergique au profit de quelqu'organe malade ; l'intestin se prête d'autant mieux à la révulsion que sa
surface est très-étendue et qu'il a des connexions
avec toutes les autres parties de l'économie. Les
purgations trouvent dans la médecine pratique les
applications les plus heureuses et les plus variées.

La liberté du ventre fait l'objet d'un prétexte
qu'on retrouve dans les premiers écrits qui traitent
de la médecine. Suivant la nature et la cause de la
constipation, il y aura à faire choix de médications
et de médicaments divers, mais dans tous les cas
il faudra d'abord éloigner la cause : les habitudes
sédentaires seront remplacées par un exercice convenable ; l'alimentation sera modifiée et on s'abs-
tiendra des aliments capables de provoquer le res-
serrement du ventre. Nous posons en principe
général qu'une constipation d'ancienne date a besoin
d'un long traitement et surtout d'un traitement à
long effet. Car, plus la constipation dure, plus elle
a de tendance à se perpétuer et plus elle est difficile
à vaincre. Ce n'est donc pas en quelques jours qu'on
peut espérer pouvoir détruire une constipation
ancienne.

Dabord, comme résultat immédiat, le nombre des
selles peut être très-variable et même très-abondant,
sans que pourtant l'intestin soit complétement dé-
barrassé des matières qu'il renferme. .

Les résultats consécutifs sont bien plus importants. On a pu provoquer des selles nombreuses,
mais on n'a pas pour cela détruit la constipation, il
faut une action plus profonde sur les organes, il
faut modifier les habitudes intimes de l'intestin ; or,

ce n'est pas par une agression brusque, par une perturbation violente comme celle que produisent les purgatifs énergiques qu'on réussira ; il faut que le médicament, pour être efficace, procède avec lenteur ; il est nécessaire que son action se porte successivement sur toutes les parties non-seulement de l'intestin, mais de toute l'économie ; il est important qu'il agisse jour par jour, sans brusquerie mais sans arrêt. Il ne s'agit pas de jeter en quelques minutes une grande quantité de sérosité dans l'intestin, il vaut beaucoup mieux l'y faire arriver peu à peu, de manière qu'elle ramollisse, qu'elle détrempe lentement les matières durcies qui finessent par être liquifiées et entraînées au dehors.

L'emploi de l'eau magnésienne de la source Marie remplit de tout point les indications que nous venons de poser. Elle est relâchante, mais par degrés, jour par jour, sans perturbation violente, et avec une action soutenue comme l'exigent les affections chroniques de l'abdomen.

Il est plus important d'obtenir des selles régulières que des selles nombreuses. Au surplus, l'usage de la source Marie, dirigé d'une certaine manière, peut produire de nombreuses et abondantes purgations ; j'utilise cette propriété dans les divers cas où cette indication se présente.

CHAPITRE IV

Par son volume, l'importance et la multiplicité de ses fonctions, le foie est un organe qui a pris une place capitale dans la pathologie humaine. L'énumération des actes physiologiques que cette glande est chargée d'accomplir, donnera une idée du rang qu'elle doit prendre dans l'étude des maladies. 1° Sécrétion et excrétion de la bile ; — 2° Production du sucre ; — 3° Productions de la graisse ; — 4° Transformation en fibrine de l'albuminose à la suite de la digestion.

Ainsi, non-seulement l'altération peut porter sur les fonctions de l'organe, mais sa structure elle-même peut être modifiée par la maladie, sans que les résultats fonctionnels soient notablement en souffrance, comme dans l'hypertrophie simple, par exemple. Tout ce qui tient à la digestion d'une manière directe ou indirecte, souffre plus ou moins toutes les fois que l'organisme est atteint par la maladie.

Par sa position presque superficielle, le foie est exposé à des contusions ; par son poids, à des secousses violentes dans les chutes ; sa constitution éminemment vasculaire le rend très-propre aux congestions et aux hémorrhagies ; l'inflammation peut s'en emparer et se terminer comme partout ailleurs par des abcès, le ramollissement, la gangrène ; il peut augmenter et diminuer de volume ; être envahi par des productions tuberculeuses, cancéreuses, mélaniques ; devenir le siége de tumeurs variées, changer de nature comme dans la cyrrhose, être le théâtre de désordres syphilitiques très-graves ; en un mot le foie partage non-seulement à un haut degré les conditions morbides des autres organes, mais il paraît être en plus le siége de prédilection de certaines maladies qui n'ont pas d'analogue dans d'autres parties du corps.

Calculs biliaires. — *Bile.* La bile est un produit de sécrétion du foie, indispensable à la digestion et qui a ses maladies propres. Elle peut augmenter ou diminuer de quantité, devenir plus épaisse ou plus fluide ; ne pas couler dans l'intestin, être l'origine de calculs plus ou moins volumineux depuis le sable fin jusqu'à la grosseur de l'œuf de poule.

La bile imprime au tempérament un caractère particulier qui a été décrit et classé sous le nom de *tempérament bilieux.* De plus, deux maladies semblent se rapporter à quelque modification biliaire, la mélancolie et l'hypochondrie, toutes deux de la famille des maladies mentales.

Diabète sucré. — Le diabète sucré est caractérisé par la présence dans l'urine d'une quantité plus ou moins abondante de sucre incristallisable. La production du sucre dans le foie est le résultat de

la désassimilation des éléments anatomiques du foie ;
c'est par conséquent le tissu même du foie qui fournit directement les matériaux de la formation du
sucre. Je ne donnerai pas ici l'exposé des théories
émises sur la glucosurie ou diabète sucré, je me
contenterai de répéter que c'est une maladie très-
grave et d'autant plus grave qu'elle est plus ancienne.

Graisse. — L'étude de cette question pourrait
conduire à une thérapeutique satisfaisante de l'obé-
sité, mais jusqu'ici elle n'a pas donné de résultats
bien saillants.

Transformation de l'albumine en fibrine. —
Dans l'albuminurie, ou maladie de Bright, on
trouve toujours, il est vrai, les reins malades, mais
on trouve souvent aussi des altérations dans le tissu
du foie et un orgorgement considérable dans la
veine-porte ; il y a donc indication à provoquer dans
cet organe une circulation plus énergique ; pour
cela rien n'est préférable à l'eau magnésienne de la
source Marie.

Le traitement des maladies du foie par les eaux
minérales en général a toujours mis au premier
rang les eaux alcalines et les eaux purgatives qui
ne sont du reste employées que dans les affections
chroniques du viscère hépatique. Les préparations
ferrugineuses et les eaux de cette nature comptent
des succès éclatants dans les engorgements hépatiques et viscéraux résultant de fièvres anciennes.

Des médecins qui font des maladies du foie une
étude spéciale, prescrivent, dans les congestions de
cet organe, l'usage des eaux alcalines faibles et des

purgatifs salins répétés. — En cela l'observation et le raisonnement sont parfaitement d'accord.

On a vu, en effet, des engorgements anciens du foie s'amender d'une manière inespérée sous l'influence de selles bilieuses spontanées. On n'eut qu'à imiter la nature dans le traitement de cas semblables, de là l'application si heureuse des purgations quotidiennes au traitement des engorgements chroniques du foie.

Mais les purgations quotidiennes ne sont pas toujours sans danger pour l'estomac, elles sont même souvent pour cet organe la cause de lésions plus ou moins graves ; il n'y a que les eaux minérales qui échappent à ce reproche et soient susceptibles de provoquer des selles abondantes non-seulement sans fatiguer l'estomac, mais en développant même une énergie plus considérable dans l'appétit et l'acte de la digestion.

Quand la maladie se complique d'hydropisie, il faut augmenter la quantité de l'urine pour faire disparaître ces infiltrations.

Un grand nombre de maladies du foie provenant de quelque dérangement dans l'estomac, se modifieront nécessairement en même temps que l'estcmac lui-même récupérera ses fonctions normales. Traiter l'estomac dans ces cas, c'est traiter le foie ; guérir l'un, c'est mettre l'autre dans les conditions les plus favorables pour obtenir une guérison.

Les observations suivantes démontrent surabondamment que l'eau de Vittel ne le cède en efficacité à aucune autre dans la cure des maladies du foie, et que dans les cas de calculs biliaires, elle tend à

3

pousser au dehors tout ce qui gène les fonctions de l'organe et entrave le cours de la bile.

8ᵉ Observation

Calculs biliaires

M. M., 65 ans, est d'un tempérament bilioso-sanguin et d'une constitution forte. La maladie date de 6 à 7 ans. Une saison de Vichy a été sans résultat. Le début de la maladie fut brusque et sans préliminaires. Tout à coup éclatèrent de violentes douleurs au flanc droit, s'irradiant jusqu'à l'épaule, barre en ceinture, jaunisse. Le diagnostic, fixé sur une maladie du foie, ne put cependant tout d'abord en déterminer la nature. A Vichy, on diagnostiqua des calculs. A son retour, ses douleurs revinrent beaucoup plus souvent, avec des démangeaisons insupportables, puis tout se calma pendant quelques mois. Mais une crise plus violente que les autres, et qui amena un calcul assez gros, taillé en facettes, avec douleurs dans l'épaule, jaunisse, puis une autre, puis encore une autre, finirent par décider M. M. à venir à Vittel, qu'on lui conseillait depuis plusieurs années. M. M. est habituellement constipé ; il est anémique, jaune et a beaucoup maigri ; l'appétit est très-médiocre, les digestions paresseuses, le sommeil mauvais ; il existe un malaise général avec sensation constante de plénitude dans le flanc droit et de barre autour de la ceinture.

Le traitement a consisté dans l'eau de la source Marie en boisson et en grands bains. L'eau a produit des effets purgatifs abondants et a eu pour résultat la régularisation des selles.

Revenu l'année suivante, M. M. n'avait eu aucune crise dans l'intervalle, ni même du malaise ; il a un aspect de santé magnifique ; j'ai quelquefois de ses nouvelles et elles continuent à être très-satisfaisantes. Je le considère par conséquent comme *guéri*.

9e Observation

Mme B., institutrice, 56 ans. Tempérament lymphatico-bi-
lieux, constitution très-délabrée. La première crise, que rien
ne pouvait faire prévoir, fut très-violente et dura dix heures
avec vomissements bilieux , douleur au creux de l'estomac,
dans le dos, en ceinture ; la jaunisse ne survint qu'après la
crise, et fit découvrir la nature exacte de la maladie. La dernière crise fut des plus formidables, la malade faillit y laisser la vie. On trouva alors dans les matières quatre à cinq
fragments de pierre qui n'en avaient fait qu'une, et de plus
une grande quantité de sable brillant, avec des grains assez
volumineux. Cette malade a maigri énormément , elle n'est
plus que l'ombre d'elle-même ; les chairs sont flasques et
décolorées, il y a une anémie profonde, la figure est de la
nuance de cire vieille. L'appétit est à peu près nul, la digestion presqu'impossible ; à droite du creux de l'estomac existe
une douleur vive à la pression, et toute la région du foie est
le siége d'un embarras général permanent. Les matières fécales brillent au soleil, et, quand on les remue avec une tige
de fer, elles donnent la sensation d'une grande quantité de
sable mélangé à de l'eau. Constipation habituelle.

Le traitement consista en eau de la source Marie en boisson, grands bains, et douches légères sur la région du foie.
Le temps que cette malade resta à Vittel ne fut qu'une série
continue de crises et de rejet de sable et de graviers; c'est
incroyable quelle quantité fut expulsée. L'eau ne purgea pas;
pourtant les garde-robes sont plus faciles. Les forces res-
taient anéanties, l'appétit ne revenait pas.

En somme, à son départ, le résultat était peu favorable, et
je ne comptais guère sur son prompt rétablissement. Cependant, à partir de son retour chez elle, il n'y a plus eu de crise;
l'appétit est revenu, les selles se sont régularisées, elle a repris sa bonne mine et son embonpoint. Le foie n'est plus ni
sensible ni tuméfié. J'ai eu occasion de revoir plusieurs fois
Mme B.; depuis lors il ne lui est absolument plus rien survenu.
De temps en temps, elle boit chez elle de l'eau de la Source
Marie.

10ᵉ Observation

Le fait suivant est assez simple ; il concerne un jeune homme de 21 ans, M. E., étudiant dans un séminaire, d'une bonne constitution, d'un tempérament lymphatico-sanguin, qui fut pris, il y a 6 à 7 mois, de ses premiers accès de coliques hépatiques. La première fois il rendit un gravier, les autres du sable seulement avec de l'ictère chaque fois et perte d'appétit. Le foie est le siége d'une sensation de gêne, sans douleur proprement dite. Les fonctions se font assez bien. Le creux de l'estomac est sensible. Le traitement, à Vittel, consista en eau en boisson, bains, douches en arrosoir sur la région du foie. L'eau amena des selles purgatives, tantôt avec du sable, tantôt depourvues de sable, mais toujours sans coliques hépatiques ni douleurs d'aucune sorte. La teinte sub-ictérique des téguments a disparu ; le foie ni le creux de l'estomac ne sont plus douloureux. Ce malade n'est venu qu'une fois à Vittel, mais cependant il ne lui est plus survenu de crises depuis quatre ans, ainsi que je l'ai appris de lui directement. C'est donc encore une *guérison* à enregistrer.

11ᵉ Observation

Mᵐᵉ S., âgée de 40 ans, habitant un village des montagnes des Vosges. Tempérament lymphatico-sanguin, constitution délabrée, est malade depuis un an. Début par de grandes douleurs d'estomac, se propageant le long du sternum, dans le flanc gauche, dans le dos, avec vomissements. La jaunisse ne vint que plus tard ; à la suite d'une crise violente, on chercha dans les matières, on y trouva du gravier. Appétit et digestions mauvais, constipation habituelle ; malaise et envies de vomir le matin, ictère, urines jaunes et épaisses ; il n'y a jamais eu de douleurs à l'épaule droite. Toute la région du foie est sensible à une palpation profonde ; la vésicule, sentie à travers le creux épigastrique, est résistante et douloureuse. Démangeaisons générales sans aucune éruption cutanée. Les dimensions du foie sont exagérées dans le sens de sa hauteur. La menstruation est très-irrégulière.

Une première saison n'eut pour résultat que le rejet d'un calcul fragmenté en quatre à cinq parties, mais portant les traces de l'existence d'autres calculs. Je notais à son départ: Effet nul. Les crises se multiplient; la jaunisse persiste. Observer les effets consécutifs.

L'année suivante, c'était tout différent. Peu de temps après son retour chez elle, une crise de 48 heures, douloureuse outre mesure, aboutit au rejet d'un calcul gros comme une grosse noisette, très-dur. Brisé avec un marteau, il renfermait trois noyaux parfaitement distincts, gros comme des graines de chenevis et du sable brillant et blanchâtre. A partir de ce moment, la jaunisse disparut rapidement, et, au bout de quatre à cinq jours, on pouvait considérer Mme S. comme complétement *guérie*. En effet, depuis ce temps, sa santé a été excellente, et, quoiqu'il se soit écoulé quatre ans depuis cette époque, aucune crise n'a reparu.

12e Observation

Mme L., âgée de 52 ans, d'une bonne constitution, mais menant une vie sédentaire et issue d'une mère morte d'une maladie du foie, ressentit pour la première fois, il y a 3 ans, des coliques néphrétiques qui ont donné du sable rouge et d'abondantes mucosités. De la même époque datent des coliques hépatiques avec ictère. Les crises s'accompagnent toujours de vomissements. Le creux de l'estomac devient parfois tellement sensible que les cordons des vêtements gênent, et c'est surtout pendant la digestion que cette distension arrive. Il y a habituellement de la constipation. La figure de Mme L. est embrouillée. On a trouvé beaucoup de gravier biliaire dans les selles.

Le traitement, à Vittel, s'est fait par l'eau de la source Marie en boisson, des grands bains et des douches sur la région du foie. L'amélioration a été telle que, grâce à des selles nombreuses qui ont entraîné beaucoup de sable, on pouvait considérer Mme L. en voie de guérison à son départ. Et en effet, Mme L., revenue l'année suivante, m'apprit qu'elle n'avait rien éprouvé depuis son séjour à Vittel et qu'elle était complétement *guérie*.

CHAPITRE V

ANÉMIE. — CHLOROSE. — AFFAIBLISSEMENT GÉNÉRAL

§ Ier. — ANÉMIE

Cette maladie consiste essentiellement dans la diminution notable des globules rouges du sang.

A mesure que les globules diminuent, l'eau augmente ; le sang devient plus aqueux, il est moins coloré ; avec les globules disparaît la matière colorante, et avec celle-ci le fer qui la constitue.

Les symptômes de l'anémie apparaîtront lentement ou brusquement.

Pâleur et affaiblissement, voilà le résumé pathologique des suites de l'anémie. Non-seulement la peau, mais toutes les muqueuses sont pâles ; il y a souvent de la bouffisure à la figure et de l'œdème aux membres inférieurs, surtout autour des malléoles.

Il n'est pas une seule fonction qui ne se ressente de cet état d'allanguissement.

Céphalalgie, faiblesse musculaire, anxiété épigastrique, dyspepsie, dyspnée, essoufflement et palpitations au moindre exercice, dérangements menstruels, voilà ce que l'on constate habituellement ; mais bien souvent aussi, il y a d'autres symptômes.

On rencontre, par exemple, divers troubles de la sensibilité ; tantôt c'est l'exagération, tantôt la diminution de la sensibilité. La peau s'agace à l'occasion des contacts les plus inoffensifs.

Signalons encore des sifflements, des bourdonnements d'oreilles, des vertiges, des hallucinations, de la nonchalance, une très-grande inaptitude au travail intellectuel et physique.

Chez les femmes, l'aménorrhée est un symptôme ordinairement lié à l'anémie.

Le pouls est généralement faible, et les contractions du cœur peu énergiques, quoique plus fréquentes qu'à l'état normal ; le cœur et les gros vaisseaux sont à peu près constamment le siége de bruits insolites et de mouvements désordonnés que révèle l'auscultation, et qui sont quelquefois perçus par le malade lui-même.

Comme causes prédisposant à l'anémie, nous noterons le sexe féminin, le tempérament lymphatique, parce que dans ces deux conditions de sexe et de tempérament, le sang, quoiqu'ayant une composition physiologique, est néanmoins plus aqueux.

Quant aux causes qui déterminent positivement l'anémie, elles sont de deux ordres. En effet, ou le sang perd trop par les hémorrhagies, les saignées, par les évacuations en général poussées à l'excès, diarrhée, leucorrhée, suppurations, règles trop abondantes ; ou, sans aucune déperdition extraordinaire, il n'est point régulièrement et suffisamment réparé, comme il arrive par le fait de l'insuffisance de l'alimentation, des habitations malsaines, sans air, sans soleil, de l'empire prolongé des passions tristes, des maladies organiques, du défaut d'exercice au grand air.

Traitement. — L'anémie indique l'emploi de la médication corroborante. Les ferrugineux sont par excellence les médicaments anti-anémiques.

§ II. — CHLOROSE

Nous n'insisterons sur quelques caractères de la chlorose que pour la différencier de l'anémie avec laquelle il est du reste difficile de la confondre.

La chlorose domine la pathologie de la femme. Elle se présente avec le cortége des symptômes suivants :

Coloration particulière de la peau, qui a fait donner à la maladie le nom qu'elle porte ; c'est une pâleur d'un jaune tirant sur le vert, caractéristique et nuancée de façon à se faire distinguer de la pâleur mate et aqueuse de l'anémie. L'embonpoint est très-souvent conservé, la chlorose n'est nullement incompatible avec des formes rondes et potelées.

La versatilité, la mélancolie, des accidents hystériques sont d'observation vulgaire. Les névralgies semblent faire partie intégrante de la chlorose tant on les rencontre fréquemment dans cette maladie, au point que sur vingt femmes chlorotiques, dix-neuf peut-être ont des névralgies.

La douleur de tête occupe le sourcil, les tempes, les dents. Tout à coup elle se déplace et endolorit d'autres points.

Les douleurs d'estomac ne sont pas continues au début ; elles se reproduisent par intervalle, soit spontanément, soit sous l'influence de la digestion ; elles finissent enfin par devenir continues, mais sourdes, avec des crampes, des tiraillements.

Palpitations, étouffements, bruits de souffle à la région précordiale, à la crosse de l'aorte, sur le trajet des carotides.

Bouffées de chaleur, à la figure surtout, pendant la digestion ; sécheresse et aridité de la peau.

Dérangement constant des fonctions digestives.

Menstruation irrégulière, décolorée, douloureuse.

Écoulements leucorrhéiques plus ou moins abondants.

Si l'anémie se développe sous l'influence de causes appréciables et que nous avons déjà signalées, celles qui influent sur la production de la chlorose ne sont pas toujours, à beaucoup près, aussi faciles à saisir, et de plus, ne sembleraient au premier abord ne devoir apporter que des troubles insignifiants dans la constitution.

On doit reconnaître dans la chlorose un élément primitif et prépondérant, c'est le trouble de l'innervation souvent occasionné par la frayeur ; et comme élément secondaire, comme conséquence des dérangements fonctionnels du système nerveux, l'altération de l'hématose, la décoloration du sang, la diminution de sa partie globulaire, c'est-à-dire de son principe stimulant.

L'anémie et la chlorose, par suite de la diminution de la plasticité du sang, peuvent occasionner des hémorrhagies qui sont, dans certains cas, fort difficiles à arrêter.

Traitement. — Le fer étant le spécifique de la

chlorose devient par ce fait même l'agent curatif de tous les désordres qui se lient à cette maladie ou qui sont sous sa dépendance.

« Le fer! le fer! s'écrie M. Requin, voilà en fait de médication corroborante l'agent le plus héroïque, le plus merveilleux. » Dans toutes les infirmités de nature chlorotique, le fer s'élève à la hauteur des médicaments spécifiques.

Dans les plantes on trouve du fer, on en trouve aussi dans le corps des mammifères et des oiseaux.

Les auteurs les plus autorisés pensent que les préparations martiales sont stimulantes de la circulation au point de produire tous les phénomènes de la pléthore ; quelques-uns même vont plus loin et affirment que le fer augmente la force matérielle du cœur. D'autres au contraire considèrent le fer comme un sédatif de la circulation. On ne doit administrer le fer qu'à doses faibles pour produire de bons effets dans les maladies ; cette remarque donne la clef des résultats avantageux des eaux minérales ferrugineuses dans les anémies et les chloroses, car elles offrent par le fait même de leur constitution, un composé martial tout préparé et remplissant les conditions d'un médicament très-complétement assimilable, facile à doser et ne renfermant des sels de fer qu'en dose très-minime. Ce qui fait que pour produire des effets thérapeutiques manifestes, il n'est pas besoin que l'eau soit fortement minéralisée, quelques centigrammes suffisent pour lui communiquer les vertus physiologiques et thérapeutiques du fer.

Pour comprendre l'efficacité des eaux minérales

qui contiennent du fer, il faut tenir compte des autres éléments qui accompagnent toujours les sels martiaux et qui contribuent au rétablissement des fonctions de l'estomac.

Les Anglais ont une préférence marquée pour les sels martiaux organiques. « Le meilleur moyen d'administration consiste surtout à choisir les combinaisons de fer avec un acide végétal : l'estomac le supporte mieux sous cette forme. Les eaux minérales ferrugineuses bicarbonatées et crénatées occupent une place très-importante dans la thérapeutique, grâce à leur grande facilité d'administration. » G. Bird.

La thérapeutique a introduit, il y a quelques années, la manganèse comme un adjuvant du fer dans le traitement des maladies qui nous occupent ; le succès a couronné cette innovation.

L'usage des ferrugineux pharmaceutiques à dose élevée occasionne souvent, chez les femmes surtout, quelques accidents du côté de la vessie, accidents qu'on n'a jamais signalés pendant l'usage des eaux ferrugineuses qui agissent si efficacement sur la sécrétion urinaire en même temps que sur la constitution en général.

Elles ne produisent pas non plus ces crampes d'estomac et la constipation que provoquent si souvent les ferrugineux pharmaceutiques.

« Les eaux ferrugineuses sont ordinairement bien supportées par l'estomac. Les sels et les autres principes constituants des eaux, en facilitant la dissolution du fer dans nos liquides, le rendent plus assimilable et augmentent l'étendue de son pouvoir curatif. C'est ce qui explique pourquoi des malades, que des préparations artificielles de fer n'avaient pu rendre à la santé, ont été guéris assez promptement par l'usage des sources ferrugineuses. » (Annuaire des Eaux de France.)

Les leucorrhées ou fleurs blanches qui se perpétuent sans être accompagnées d'inflammation, et auxquelles sont particulièrement exposées les femmes lymphatiques, cèdent ordinairement à la boisson martiale et aux douches locales faites avec ces mêmes eaux.

Un grand nombre d'individus, épuisés par la cachexie des marais, par des excès vénériens, par des traitements mercuriels mal dirigés, ont été rendus à la santé par des eaux ferrugineuses utilisées en boisson et en bains.

Les eaux ferrugineuses sont employées : en boisson, en douches, en bains généraux et partiels.

L'action salutaire du fer dans la chlorose et l'anémie est trop connue pour que nous insistions beaucoup par des exemples. Quelques observations de plus n'ajouteraient rien à ce que tout le monde sait parfaitement.

13ᵉ OBSERVATION

Anémie et chorée

Mᵐᵉ B., 47 ans, encore réglée, est arrivée peu à peu, par suite de chagrins et d'une mauvaise hygiène, à une anémie assez profonde, compliquée, peu après, de désordres dans la locomotion. Tous les membres sont agités de soubresauts involontaires; ses bras gesticulent comme ceux d'un pantin, ses jambes, qui ne cessent de trembler quand elle est assise, ne se meuvent pas en ligne droite quand il s'agit de marcher, ce qui donne à Mᵐᵉ B. une marche vacillante et en zig-zag, qui la ferait prendre pour une personne ivre. Une fois raffermie et en route, Mme B. peut faire encore assez de chemin, mais toujours avec une canne. Appétit mauvais, digestions laborieuses, constipation, urines claires et abondantes, battements de cœur.

Le traitement a consisté, pendant deux mois, avec des temps de repos, en bains froids, douches froides et frictions énergiques sur les membres; eau de la source des Demoiselles en boisson, dragées ferrugineuses. Mme B. quitta Vittel parfaitement *guérie*.

14e OBSERVATION

Anémie et encéphalopathie

A la suite d'une couche où elle perdit beaucoup de sang, Mme M. fut en proie à des douleurs de tête très-violentes, qui affectèrent un type intermittent, mais dont le sulfate de quinine ne triompha pas; elles devinrent ensuite irrégulières et ne cédèrent devant aucun moyen, cependant elles n'étaient pas continues. Mme M. est grande, maigre, pâle, elle digère bien, a un appétit convenable, mais est constipée. A peu près toutes les nuits, et souvent pendant le jour, il se déclare une céphalalgie sans vomissements, ne durant jamais moins d'une heure, mais souvent plus de trois. En dehors de ces accès, il reste un peu de malaise général et du larmoiement. Le pouls est peu développé, les battements du cœur sont superficiels et pénibles, toute la surface de la peau est décolorée, mais exempte de la coloration particulière qui caractérise la chlorose. La menstruation est régulière mais peu colorée, elle est constamment suivie d'une leucorrhée abondante.

Une première cure à Vittel eut les plus heureux résultats. L'année suivante, la guérison fut complète, et, depuis lors, ne s'est pas démentie.

En résumé, l'eau de Vittel, et particulièrement celle de la Source des Demoiselles s'emploie avec le plus grand succès dans tous les cas où les prépara-

tions ferrugineuses sont indiquées ; de plus, cette
eau se recommande à l'attention des praticiens :

1° Par la nature organique des sels de fer qu'elle
contient en parfaite dissolution ;

2° Par la présence d'une notable quantité de manganèse unie au fer ;

3° Par la coexistence de la soude et de la magnésie dont les propriétés laxatives neutralisent les effets
échauffants des sels de fer.

§ III. — Débilité générale

Naturelle ou accidentelle, la débilité générale,
chez les enfants comme chez les adultes, doit attirer
toujours l'attention et n'exige pas d'autre traitement
que celui que nous venons d'indiquer pour l'anémie.

CHAPITRE VI

MALADIES DES VOIES URINAIRES

Les voies urinaires se composent : des reins qui sécrètent l'urine ; des uretères qui l'amènent dans la vessie ; de la vessie qui garde le liquide en dépôt ; du canal de l'urèthre qui évacue à l'extérieur l'urine contenue dans la vessie.

Ajoutons la prostate qui embrasse le canal de l'urèthre dans le voisinage du col de la vessie.

Toutes ces parties, sauf le canal de l'urèthre, sont placées dans la cavité abdominale. Parmi les maladies des reins, on en trouve plus de médicales que de chirurgicales : le médecin agit alors plus souvent que le chirurgien ; mais à mesure que de la partie profonde de l'appareil on arrive à la partie extérieure, les secours de la chirurgie trouvent des applications plus nombreuses et plus efficaces. Chacun de ces éléments divers peut être atteint par la maladie. Les reins sont des appareils de désassimilation ; ils concourent avec la peau, les poumons, au rejet des principes décomposés dont la présence ne peut plus être que nuisible à la santé.

« Les anciens attribuaient à l'examen des urines une importance extrême, exagérée même ;. nous sommes tombés dans un excès contraire. On a tourné en ridicule les médecins d'urine. En ceci on a bien fait, càr ce ne sont souvent que de grossiers empiriques, et leur science une jonglerie de charlatans. Mais maintenant que la chimie et le microscope viennent éclairer nos investigations, les admirables résultats de l'observation consignés dans les livres d'Hippocrate recouvrent leur valeur ; nous ne sommes plus surpris que le Père de la médecine ait, dans le cours de ses œuvres immortelles, consacré plusieurs pages à l'examen de ce symptôme. Galien, et plus tard Actuarius, médecin de l'empire bysantin, faisaient observer avec les anciens que l'examen des urines ne devait jamais être le seul guide pour le diagnostic et le pronostic, mais qu'il fallait en même temps s'aider de l'examen des autres fonctions. » (*O'Rorke.*)

« Pour n'être pas trompé par les urines, examinez s'il n'y a pas de maladie particulière à la vessie, car dans ce cas elles dirigent pour la vessie et non pour tout le corps. » (*Hippocratis Pronos. lib. II.,* 33.)

Ce précepte hippocratique signale l'importance de l'examen des urines dans les maladies, en même temps qu'il met en garde contre les erreurs auxquelles cet examen lui-même peut donner lieu.

L'urine est claire et d'un jaune ambré ; elle a une odeur aromatique prononcée qui devient ammoniacale au bout de quelques jours de repos. La quantité excrétée en vingt-quatre heures s'élève à un peu plus d'un litre.

Sa température est, d'après M. Brown-Séquard, de 39° centigrades.

Les divers éléments qui la constituent peuvent augmenter ou diminuer de quantité ; elle peut renfermer en outre certaines substances comme du *pus*, du *sang*, du *sucre*, des *graviers* qui sont toujours l'indice d'une maladie.

On a établi une distinction entre l'urine du sang qui est celle du matin, l'urine de la boisson qu'on rend après avoir bu, et l'urine de la digestion qu'on peut recueillir quatre ou cinq heures après le repas.

L'eau qui entre dans la constitution de l'urine varie de 800 à 1500. En dehors de ces limites, il y a maladie.

Les matériaux solides qui s'élèvent à 39 ou 40 grammes dans les 24 heures peuvent augmenter ou diminuer sous l'influence d'une foule de causes.

Ils augmentent notamment sous l'influence de l'introduction dans l'économie d'une quantité d'eau surabondante ; car le travail inaccoutumé auquel on force les reins débarrasse l'économie, non-seulement d'une grande quantité d'eau, mais encore d'une quantité plus considérable de matériaux solides, *phénomène de la plus grande importance pratique.*

C'est dans l'urine qu'on trouve les signes pathognomoniques de deux maladies singulières et fort graves : le diabète et l'albuminurie.

L'urine une fois formée descend dans la vessie par l'intermédiaire des calices, des bassinets et des uretères ; le liquide s'accumule dans le réservoir urinaire en quantité plus ou moins notable, d'où il est ensuite expulsé au dehors.

Quand la vessie contient un litre à peu près, il se

manifeste dans le bas-ventre une sensation de pesanteur , de gêne , que suit bientôt le besoin d'uriner.

Pendant son séjour dans son réservoir, l'urine perd, par l'absorption des parois de la vessie, une certaine partie de son eau ; elle se condense, se colore davantage et acquiert une grande aptitude à déposer ses sels et former des calculs.

Il paraîtrait, d'après les recherches de M. Cl. Bernard, que les liquides peuvent arriver à la vessie sans passer par la grande circulation, mais en aboutissant directement de la veine-porte dans les veines rénales, ce qui expliquerait la rapidité du passage de l'eau de l'estomac dans la vessie.

La vessie, les parois abdominales, le canal de l'urèthre avec les muscles et les glandes, tels sont les organes qui concourent à l'expulsion de l'urine, dès que le besoin d'uriner se manifeste.

Les muscles qui entourent la portion profonde du canal de l'urèthre le compriment et en expulsent les dernières gouttes d'urine.

L'étendue du jet dénote au début la force contractile de la vessie, et à la fin celle des muscles de l'urèthre. Sa forme offre les signes de la plus grande valeur dans le diagnostic des angusties uréthrales ; son intermittence se remarque dans les affections calculeuses de la vessie.

Les besoins fréquents d'uriner sont généralement l'indice d'une maladie des organes urinaires ; la douleur dénote une inflammation ou un corps étranger, la chaleur produite par le passage de l'urine dans le canal se constate quand l'urine est concentrée et dans les cas surtout où elle renferme une surabondance de produits uriques.

La débilité musculaire, triste apanage de la vieillesse, est sans contredit la cause la plus fréquente de la dysurie des gens avancés en âge.

Les maladies de quelqu'un des organes urinaires peuvent occasionner des accidents paralytiques étudiés dans ces derniers temps par M. Brown-Séquard, sous le nom de paralysies réflexes. Rien de commun comme l'hypochondrie dans les maladies de ces organes.

L'impression du froid sur la peau donne immédiatement envie d'uriner ; l'absorption d'un verre d'eau froide produit le même effet.

§ Ier. — NÉPHRITE CALCULEUSE

Dans la néphrite due à la formation de graviers, ce n'est pas ordinairement le tissu rénal qui est enflammé mais seulement le point en contact avec la production calcaire, et l'inflammation n'occupe qu'un point assez limité. Les calices et les bassinets s'irritent sous l'influence des graviers comme tout autre organe sous l'influence d'un corps étranger, et c'est dans ces canaux vecteurs de l'urine que se forment les graviers.

Il n'est aucun cas de gravelle qui ne s'accompagne de mucosités, indice d'une irritation plus ou moins considérable des organes urinaires.

Ces mucosités jouent dans la production des calculs un rôle que nous mettrons en relief quand il sera question de la gravelle.

CHAPITRE VII

Comme fréquence, le catarrhe de la vessie se place presque sur le même rang que le catarrhe pulmonaire.

Le nom de catarrhe vésical que nous ne séparerons pas de la cystite chronique est réservé à une maladie du réservoir urinaire qui a pour caractère principal de laisser déposer au fond du vase un mucus plus ou moins abondant, tenace, filant, glaireux, coloré ou non par du sang et s'accompagnant très-souvent de produits phosphatiques.

Tantôt l'état catarrhal succède à une inflammation aiguë de la vessie; tantôt les glaires apparaissent dans l'urine sans que son réservoir ait subi l'agr. ssion d'une phlogose aiguë. Ce dernier début se remarque surtout dans les pays froids et humides qui ont le triste privilége d'engendrer des catarrhes de toute sorte. On le rencontre également chez les individus lymphatiques, à fibre molle, peu énergique si nombreux dans les pays signalés plus haut ; de sorte qu'il serait difficile de décider lequel, du climat ou du tempérament, a sur la production de la maladie, la plus grande prédominance.

Dans de tels pays et chez de tels individus, les

flux naissent à l'occasion des mêmes causes qui produisent dans des climats différents et chez des sujets d'un autre tempérament les inflammations aiguës ; chez les premiers, si toutes les maladies ne sont pas chroniques à leur début, il en est du moins un très-grand nombre qui en revêtent les apparences. Un transport soit goutteux, soit rhumatismal peut produire cette affection tout aussi bien que le refroidissement ou la présence d'un corps étranger ; il en est de même des injections irritantes.

Peuvent encore y donner lieu, les professions sédentaires qui condamnent à l'immobilité dans la station assise, la passion du jeu qui fait oublier tout jusqu'au besoin d'uriner ; la vieillesse, qui, privant la vessie et les muscles de l'abdomen de leur tonicité, ne permet plus à l'urine d'être expulsée complétement.

A part l'état aigu, le catarrhe de la vessie peut n'être pas très-douloureux ; mais malgré le peu de douleurs qu'il occasionne parfois, il n'en est pas moins pour le malade la cause d'un épuisement continu dont les effets ne tardent pas à se manifester sur toutes les fonctions.

L'appareil digestif se dérange, le sommeil s'enfuit, le moral s'affaiblit et s'irrite, phénomène commun à toutes les maladies des voies urinaires. Un catarrhe vésical engendre en effet la tristesse, la propension à parler de son mal, dont le souvenir ne revient que trop souvent à chaque besoin d'uriner.

Les signes les plus saillants de cette affection ne se rencontrent pas tous dans l'urine, ceux surtout qui sont susceptibles de diriger le pronostic ; les signes physiologiques sont nombreux et importants.

L'affection a-t-elle quelque gravité, le malade éprouve des pesanteurs au périnée, de véritables douleurs à la région anale ; le bas-ventre est le siége d'une gêne incommode, d'une tension que les efforts de toux, d'éternuement, de flexion exagérée du tronc en avant, transforment en élancements poignants.

Les besoins d'uriner sont généralement fréquents ; chez quelques malades, dix, quinze fois par heure ; mais ces besoins, plutôt fictifs que naturels, sont à peine soulagés par l'expulsion d'une petite quantité d'urine glaireuse ou sanguinolente.

L'on comprend quels soucis et quels tourments apporte dans la vie d'un individu l'existence d'un catarrhe vésical qui s'accompagne de besoin d'uriner quinze à vingt fois par heure ; heureux encore quand la vessie obéit aux puissances expultrices qui tendent à chasser le liquide qu'elle contient, et que l'usage de la sonde ne devient pas une nécessité.

Les premiers symptômes d'acuité ne sont pas du ressort des Eaux ; les accidents chroniques sont les seuls qui viennent chercher leur guérison aux sources minérales, quand tous les remèdes pharmaceutiques, voire même les ressources chirurgicales sont restées de nul effet.

L'urine catarrhale possède des propriétés toutes spéciales ; elle est louche, lactescente, opaline, troublée par des flocons qui nagent dans son intérieur ; elle est toujours plus foncée en couleur que l'urine normale. Elle se décompose rapidement, dégage de l'ammoniaque comme tous les produits animaux en putréfaction. Abandonnée pendant suffisamment de temps dans un vase, avant de se décomposer, elle se sépare en deux parties, l'une filante, tenace, analogue à du blanc d'œuf, adhérante au fond du vase, avec ou sans traces de sang, mais souvent avec du pus.

Les organes creux du corps possèdent, en vertu de la puissance vitale, la propriété d'empêcher indéfiniment la décomposition des fluides qu'ils renferment : le sang, la bile, l'urine, etc., qui se décomposent si vite au contact de l'air, résistent à la fermentation dans leurs réservoirs. La puissance conservatrice de la vessie, comme des autres organes, est sous l'influence directe de l'intégrité d'action du système nerveux cérébro-spinal et ganglionnaire. « Donc si quelque trouble, même indirect, « est supporté par ces derniers, le résultat nécessaire sera toujours une certaine diminution de la « puissance vitale de l'organe, et le fluide qu'il contient deviendra susceptible d'éprouver des changements analogues à ceux qu'il subirait hors de « l'économie. Un de ces changements consiste dans « l'union de l'urée avec les éléments de l'eau pour « former du carbonate d'ammoniaque. » G. BIRD.

Plusieurs théories ont été émises pour expliquer la décomposition de l'urine ; mais quelle que soit celle que l'on admette, le fait de sa décomposition n'est que trop certain, et la présence des produits ammoniacaux est une cause d'irritation permanente pour les parois de l'organe. Sous cette influence, les glaires ne font qu'augmenter de quantité et ajouter aux souffrances du malade. Le col est envahi par un ténesme incessant, les efforts d'expulsion sont extrêmement douloureux et multipliés. Les lavages fréquents de la vessie auront dans les cas de ce genre une incontestable utilité. Or, les diurétiques en général, et en particulier les eaux minérales qui augmentent la sécrétion des reins et rendent l'urine acide, ne sont-elles pas les moyens les plus aptes à établir ce lavage et de plus, à ramener à ses qualités chimiques normales une urine qui s'en est déviée sous l'influence de la maladie ?

Outre les causes déjà signalées, remarquons encore les suivantes : la goutte, dans une de ses migrations si rapides et si violentes, peut tout aussi bien s'attaquer à la vessie qu'à tout autre organe ; les affections rhumatismales et cutanées, la suppression d'un cautère ancien, la présence d'un calcul ou d'un corps étranger quelconque dans la vessie, un obstacle mécanique au cours de l'urine comme en produisent les rétrécissements et les engorgements prostatiques.

Si, dans tous les cas, il est nécessaire d'insister sur la recherche des causes d'une maladie quelconque, il y a, quand il s'agit de catarrhe des voies urinaires, une nécessité plus urgente que jamais à s'enquérir avec sollicitude de l'étiologie de l'affection. Un bon nombre d'affections catarrhales de la vessie réputées simples et exemptes de complications, sont sous l'influence, ou d'un engorgement de la prostate, ou de rétrécissements uréthraux, ou de corps étrangers dans la vessie. La connaissance de la cause conduira à l'application méthodique du remède.

Les rétrécissements étant guéris ou palliés par une des méthodes actuellement en usage, la muqueuse vésicale, soit par suite d'un reste d'irritation qui a déterminé primitivement la sécrétion de glaires, soit par suite d'une habitude catarrhale contractée par l'organe, sécrète encore pendant un certain temps des mucosités ; de sorte qu'une saison d'eau diurétique, tout en faisant disparaître les dernières traces de sécrétion morbide, consoliderait la cure des rétrécissements.

Les mêmes indications thérapeutiques se présentent à la suite de l'opération de la pierre. Dans ces cas, la persistance du catarrhe étant bien plus constante que quand il s'agit de rétrécissements, il y aurait au moins prudence à consolider une opération de pierre par une saison à nos Eaux, tant dans le but de reconstituer une santé en général gravement altérée que pour se mettre à l'abri d'une récidive.

Toutes les indications de la cure d'un catarrhe de la vessie sont remplies par l'Eau de Vittel. Ainsi, ses propriétés spéciales sont les plus aptes qu'on connaisse :

1° Pour faire disparaître les dernières traces d'une irritation qui entretient la sécrétion pathologique ;

2° Pour modifier les urines dans leur quantité et dans leurs qualités ;

3° Pour relever la constitution affaiblie, débilitée ;

4° Pour combattre les complications.

Les propriétés curatives de ces Eaux sont tellement patentes dans le cas qui nous occupe, que nous ne ferons que les rappeler.

Une urine abondante, passant comme **un courant**

d'eau continu à travers le réservoir urinaire, entraînera le mucus morbide au fur et à mesure de sa formation, en même temps que par son contact avec les parois de la vessie elle en modifiera la vitalité ; l'urine ne tardera pas non plus à reprendre ses caractères normaux d'acidité ; la constitution générale subissant à son tour une métamorphose inévitable aidera la cure du catarrhe.

C'est de cette manière, mais de cette manière seulement, que l'on parviendra à obtenir des cures solides, durables, et non de ces guérisons éphémères que détruit le moindre écart de régime. Mais, pour obtenir de semblables résultats, il faut de la persistance ; aucun moyen, fût-il doué de propriétés miraculeuses, n'est suffisant pour conduire à bien une de ces affections graves, de très-longue durée, rebelles aux traitements ordinaires et récidivant avec la plus grande facilité, s'il n'est longtemps continué.

Donc, nous considérons les Eaux de Vittel comme souveraines dans le traitement des catarrhes vésicaux.

15ᵉ OBSERVATION

M. l'abbé R., desservant une cure du département de la Meurthe, âgé de 57 ans, d'un tempérament bilioso-nerveux, d'une constitution médiocre, est, depuis sept mois, atteint de catarrhe purulent de la vessie. Sous l'influence de chagrins, M. R. ressentit dans la région vésicale de la gêne, qui dès le lendemain, s'accompagna de ténesme et de besoins fréquents d'uriner. Au début, urines nuageuses, quelques jours après muqueuses, aujourd'hui purulentes depuis longtemps déjà. La vessie est peu contractile, le jet est mince, peu vigoureux. L'urine se fait attendre, les dernières portions sortent en bavant. Pendant la miction, chaleur, quelquefois même douleur dans le canal, si les urines sont rares ou si l'estomac fonctionne mal. La vessie ne se vide qu'incomplétement. Urines mucoso-purulentes. — Le sommeil est souvent interrompu par les besoins d'uriner. — L'appétit est mauvais, les digestions sont lentes et laborieuses, le moral est anéanti. — Ont été déjà employés : les grands bains, les bains de siége, les balsamiques, l'eau de Vittel transportée. Ce dernier moyen ayant procuré du soulagement, le malade vient, en 1864, prendre les eaux de Vittel pendant vingt jours. L'eau de la grande source est seule employée en boisson et en bains. Les produits morbides, pus et mucus, après quelques alternatives de diminution et de recrudescence, diminuent définitivement, les besoins d'uriner deviennent de moins en moins fréquents. — L'appétit reparait, le sommeil revient, le moral se relève.

Un léger nuage se remarque encore dans les urines de M. R. à son départ, mais la guérison progresse si bien qu'à l'entrée de l'hiver elle était complète, et que, malgré le froid et l'humidité de la saison, elle ne s'est pas démentie.

16ᵉ OBSERVATION

M. C., comptable dans une administration publique, arrive à Vittel dans l'état suivant : Avec ses 68 ans, il a l'air d'un vieillard décrépi, il est maigre, chétif et marche le dos voûté. Sa peau est jaune, ses fonctions sont très-languissantes. L'appétit est très-précaire, la digestion est pénible ; habituellement il a deux à trois selles dans les 24 heures et la cause la plus légère amène une diarrhée des plus débilitantes et difficile à arrêter. Ces troubles intestinaux se rattachent à une gastro-entérite chronique datant d'une dizaine d'années. Les besoins d'uriner sont fréquents : 7 à 8 par nuit au moins. Le sommeil est donc souvent interrompu et peu réparateur. Le jet est mince, souvent arrêté, quelquefois déformé ; la miction est parfois accompagnée de ténesme, urines foncées, troubles souvent au début, mais toujours à la fin de l'évacuation qui se fait en bavant. On constate dans l'urine du mucus, du pus, des cristaux phosphatiques, pas de vibrions comme antécédents : quelques accidents fort anciens du côté de l'urèthre ayant nécessité le passage de bougies qui paraissent avoir amené l'état catarrhal des urines mais non la guérison des rétrécissements. Tels sont d'ailleurs les renseignements fournis par un médecin très-distingué, qui a donné ses soins au malade et qui l'adresse à Vittel. L'exploration du canal ayant démontré l'existence de rétrécissements, on s'attaque d'abord à ceux-ci qui entretiennent évidemment l'affection vésicale. On dilate le canal, on fait des injections d'eau minérale dans la vessie en même temps qu'on administre à l'intérieur l'eau à dose modérée. Au dixième jour du traitement une amélioration notable est constatée par le malade et le médecin, les besoins d'uriner sont moins fréquents. Les urines sont moins chargées de pus et de mucus.

La vessie de M. C. avait tellement perdu de sa contractilité qu'elle ne se vidait qu'à moitié et que le bas-fond renfermait toute la portion la plus mauvaise de l'urine. On prescrit des bains de siége froids, des douches froides autour du bassin, des douches en pluie sur tout le corps pendant quinze jours. Sous l'influence de ces moyens, l'état général s'améliore, l'appétit se réveille, les phosphates sont éliminés en moindre proportion.

Pendant 8 jours on suspend l'usage de l'eau en boisson, on reprend ensuite pendant quinze jours le traitement complet, et M. C. quitte Vittel dans un état très-satisfaisant : l'état général est bon, les grandes fonctions s'exécutent normalement, les selles sont devenues normales. La paresse vésicale persistant encore à un faible degré, on conseille au malade de vider sa vessie matin et soir par le cathéterisme, de boire pendant quinze jours, tous les deux mois, une bouteille d'eau de Vittel, le matin à jeun. Malgré l'hiver, l'amélioration s'est maintenue et une seconde saison à Vittel a guéri complétement cette grave maladie.

17ᵉ Observation

M. V., 58 ans, d'un tempérament lymphatico-sanguin, d'une constitution très-vigoureuse, grand chasseur et grand pêcheur, fut pris tout à coup de difficulté dans l'émission des urines. Dès le lendemain elles déposaient. M. V. négligea son état, qui paraissait s'améliorer avec le beau temps, lorsque survint une rétention d'urine. Après cet accident, les urines reparaissent plus chargées qu'auparavant. La prostate prise d'inflammation a encore aujourd'hui un volume exagéré. Le canal permet cependant le passage d'une sonde d'un moyen calibre. Le traitement consiste en eau de la Grande Source en boisson, en douches autour du bassin et du périnée, en douches alternativement chaudes et froides sur tout le corps. L'état local étant seul à combattre chez ce malade, la guérison est complète en 20 jours.

18ᵉ Observation

Mᵐᵉ D., âgée de 26 ans, est mère de 3 enfants, irrégulièrement menstruée. Tempérament lymphatique, constitution faible, teint pâle.

Depuis ses premières couches, qui datent de 5 ans, Mᵐᵉ D. a vu sa santé décliner de plus en plus. Deux autres enfants coup sur coup ont ruiné ses forces. Point d'appétit, la bouche est mauvaise, la langue est pâteuse, des envies de vomir se montrent fréquemment. La digestion est longue et douloureuse, l'estomac est le siège de pincements et de douleurs même en dehors de la digestion. Les symphises du sacrum et du pubis sont un peu relâchées ; quelques douleurs se manifestent sur le trajet du nerf grand sciatique ; le ventre est douloureux, surtout avant et pendant la menstruation, qui se fait par caillots. Il existe une constipation très-opiniâtre qui paraît héréditaire. Quelques hémorrhoïdes superficielles donnent quelquefois du sang pendant la défécation. Mᵐᵉ D. a eu une vaste ulcération utérine à peu près guérie aujourd'hui par les cautérisations continues pendant trois mois. Il existe du catarrhe utérin. Une leucorrhée abondante suit la menstruation. Les jambes enflaient quelquefois le soir autour des malléoles. L'affection qui amène Mᵐᵉ D. à Vittel est une cystite chronique caractérisée par des envies incessantes d'uriner, avec sensation de brûlure ; un ténesme vésical considérable

L'expulsion de quelques gouttes d'urine seulement à chaque miction, une urine chargée, trouble souvent, teinte de sang, laissant déposer des urates et du mucus en abondance. Il y a peu de pus, il n'y a pas de phosphates.

Le cathétérisme uréthral est très-douloureux; il permet de constater qu'il n'y a pas de corps étranger dans la vessie, mais que la capacité de cet organe est beaucoup diminuée. Le sommeil est à tout instant interrompu par des besoins d'uriner.

Après 30 jours passés à Vittel, où l'eau minérale fut employée en boisson, en bains en même temps que les préparations opiacées en lavement, et l'acide carbonique en injections dans la vessie, Mme D. passait des nuits sans éprouver le besoin d'uriner, rendait sans douleur une urine où le mucus formait à peine un nuage insignifiant. L'appétit était devenu assez bon, bien que les fonctions digestives laissassent encore un peu à désirer. La constipation était remplacée par une selle normale quotidienne.

En somme, de cette Odyssée des plus complexes et des plus inquiétantes il ne restait plus à Mme D., à son départ de Vittel, qu'un léger catarrhe vésical qui, deux mois après, avait entièrement disparu.

CHAPITRE VIII

DYSURIE ET RÉTRÉCISSEMENTS DU CANAL DE L'URÈTHRE

Dysurie veut dire difficulté dans l'émission de l'urine.

Dans un grand nombre de cas, la dysurie n'est qu'un faible degré de rétention d'urine, et toutes les causes qui peuvent donner lieu à cette dernière sont susceptibles d'occasionner la dysurie.

Elle est presque toujours symptomatique, et, dans tous les cas, il est très-important de s'assurer de sa cause ; du reste, il n'est pas une seule affection des organes génito-urinaires qui ne compte parmi ses symptômes de la difficulté d'uriner, et c'est presque toujours le premier et quelquefois l'unique signe d'une maladie des voies urinaires.

Cette affection dont les vieillards sont fréquemment atteints reconnaît généralement pour cause un affaiblissement sénile de la contractilité vésicale ou une hypertrophie prostatique.

Rétrécissements, angusties, strictures uréthrales sont des expressions qui signifient que le calibre du canal a diminué d'ampleur.

Une difficulté plus ou moins grande d'uriner, la

déformation du jet, l'incontinence d'urine, la rétention avec toutes ses angoisses, les écoulements
divers, des hémorrhagies, du pus et des glaires
dans les urines, l'impuissance enfin, tels sont en
deux mots les symptômes locaux de cette maladie.

Les méthodes curatives des rétrécissements sont
nombreuses ; la position, mais surtout la nature du
rétrécissement doivent décider du choix des moyens
à employer.

L'uréthrotomie, moyen expéditif et qui compte
de belles guérisons ne me paraît devoir être employée que quand la *dilatation* n'a pas réussi ou est
inapplicable.

C'est sur ce dernier moyen seulement employé
pendant l'usage de l'eau de Vittel, et sur les résultats rapides que je désire attirer l'attention des praticiens.

Les résultats que j'ai obtenus par la dilatation
progressive sont assez encourageants pour que non-
seulement je persiste dans l'emploi de ce moyen,
mais encore pour que je le recommande vivement.

Les deux observations suivantes, complétement
inédites, sont la confirmation de mes vues sur le
sujet dont il s'agit. J'en ai publié d'autres dans mes
travaux précédents, on pourra s'y reporter.

19ᵉ Observation

*Rétrécissements très-serrés. — Guérison en
24 jours.*

Quoiqu'il y ait près de vingt ans que M. X, qui a aujour-
d'hui une quarantaine d'années, ait été atteint d'une gonor-

rhée, ce n'est réellement que depuis deux à trois ans que son attention a été sérieusement éveillée sur la difficulté qu'il éprouvait en urinant et sur divers symptômes qui ne faisaient qu'augmenter de jour en jour. La gonorrhée fut supprimée brusquement par une injection très-astringente, conservée dans le canal près d'une heure. Depuis longtemps les urines renferment des nuages, et je suis convaincu que M. X. urine mal depuis plus de deux à trois ans. Voici dans quel état il se trouve aujourd'hui. Les besoins d'uriner sont fréquents et le forcent à se lever au moins deux fois chaque nuit, il n'y a pas de douleur en urinant, mais le jet se fait attendre et pour vider la vessie il faut beaucoup de temps. Le jet est petit, peu énergique, déformé ; le malade est obligé de faire des efforts, de pousser, comme on dit, pour entretenir le jet pendant le temps que dure l'émission ; les premières gouttes d'urine entrainent des flocons muqueux, et lorsque le malade croit avoir fini d'uriner, il s'écoule encore quelques gouttes de liquide dans ses vêtements.

Le moral est dans un triste état ; M. X. s'afflige et se désole pour des choses insignifiantes, il s'exalte à propos de tout et à propos de rien. Son appétit n'est pas toujours bon ; les fonctions du ventre sont irrégulières.

Tous ces symptômes tiennent à des obstacles très-serrés du canal, dont le premier est situé à 14 centimètres. Le canal est très-sensible ; on ne peut passer qu'avec une bougie presque filiforme. Les débuts de la dilatation furent très-orageux, il y eut à plusieurs reprises des menaces de rétention d'urine, mais peu à peu, sous l'influence des bains, de l'eau à petite dose et ensuite à dose croissante, M. X. put conserver une bougie une heure en place, une autre heure dans son lit et au bout de vingt-cinq jours de traitement par la dilatation et l'eau à l'intérieur, on passait sans difficulté un instrument de six millimètres de diamètre. L'urine était normale, le jet était magnifique et n'avait pas de tendance à diminuer.

20ᵉ Observation

Rétrécissements très-étroits. — Rétention d'urine

Gonorrhée datant de sept ans. Difficulté d'uriner datant de

dix-huit mois. C'est encore à la suite d'une gonorrhée comme presque toujours, et traitée par les injections que sont survenus des obstacles au cours de l'urine. Depuis trois à quatre ans, le jet va en diminuant de plus en plus, à mesure que les besoins d'uriner augmentent de fréquence et que le ténesme s'aggrave. La vessie se vide complétement, mais il faut longtemps, car le jet, quoique projeté loin, est des plus exigus et se fait attendre. Il y a une sensation de pesanteur dans les aines et dans les reins qui ne disparait pas quand le besoin d'uriner a été satisfait. L'urine contient en tout temps des nuages; mais ils augmentent souvent et on dirait des urines catarrhales; en effet, de temps en temps, surtout quand la température est froide et humide, les besoins d'uriner deviennent plus fréquents et plus difficiles à satisfaire. L'état de ces organes a imprimé aux allures de M. A. une nonchalance insolite et a jeté dans son esprit une inquiétude et des préoccupations alarmantes. Cet état aurait duré peut-être encore longtemps sans que M. A. en parlàt sérieusement, s'il n'était survenu tout à coup une rétention d'urine avec toutes les douleurs et les angoisses qui l'accompagnent. Je vins à bout de vider la vessie avec les plus grandes difficultés et nous nous mimes aussitôt à procéder à la dilatation. En procédant avec les plus grandes précautions, en insistant longtemps sur les mêmes numéros, en laissant les bougies en place pendant une heure et plus et en nous aidant des bains, des frictions calmantes au périnée, de l'eau en boisson, nous arrivâmes, dans l'espace de trente-cinq jours, à une dilatation de six millimètres. Tous les symptômes qui accompagnaient le rétrécissement ont disparu.

Il est peu certain que le traitement purement hydiatique, même suffisamment prolongé, amène le retrait des strictures uréthrales ; un résultat aussi complet et aussi décisif n'a jamais été signalé ; mais sous l'influence de l'eau, la dilatation par des bougies graduées donne des résultats incontestablement plus prompts que quand le traitement s'effectue par la dilatation simple sans faire passer par le canal un courant abondant qui modifie les surfaces avec lesquelles il est en contact, et par ses propriétés intrinsèques et par son volume.

Les produits morbides, résultat de l'inflammation, tarissent, le tissu sous-muqueux se dégorge, la muqueuse elle-même reprend sa texture normale. En définitive, je me crois autorisé à poser en principe :

Que pendant l'usage de l'eau de Vittel, on arrive, dans la cure des rétrécissements du canal de l'urèthre à des résultats remarquablement prompts et inoffensifs.

CHAPITRE IX

§ Ier. — GRAVELLE

Qu'est-ce que la *gravelle* ?

On désigne sous ce nom de petits corps pierreux que dépose quelquefois l'urine ; par extension, on a donné le nom de *gravelle* à l'affection calculeuse elle-même, tant que les produits calcaires sont encore de dimension à passer sans difficulté par le canal de l'urèthre.

Le volume des produits lithiques peut varier depuis la grosseur d'une graine de pavot jusqu'à celle d'un pois et même d'un haricot. J'en possède, dans ma collection, de la taille d'une très-forte fève. A l'état pulvérulent, on les appelle *sables ;* quand ils affectent un volume plus considérable, on les nomme *graviers*. Les graviers sont, tantôt lisses, polis ; tantôt anguleux, hérissés, creusés de vacuoles comme des éponges.

Les variétés chimiques des calculs sont assez nombreuses, mais pour la clinique, il suffit de signaler :

1° Avec des urines acides, des calculs uriques et des calculs oxaliques ;

2° Avec des urines alcalines, des calculs phosphatiques. Dans l'un et dans l'autre cas, les bases peuvent être de la potasse, de la soude, de l'ammoniaque, de la chaux.

Il ne se rencontre que très-rarement des graviers composés d'une substance unique ; presque constamment on y trouve trois ou quatre éléments associés. De toutes, la plus fréquente est la gravelle rouge ou goutteuse.

Le nombre des graviers est en général en raison inverse de leur volume ; on a signalé des malades qui en ont rendu 200 dans les 24 heures. Je possède plus de 900 graviers rendus par le même malade en 20 jours.

La présence de graviers dans les *reins* se manifeste souvent par de la gêne, de la raideur, de la douleur dans la région lombaire, du torticolis ou des *douleurs contusives à la nuque,* symptôme non encore signalé. En effet, ni les livres classiques, ni les monographies, ne font mention de cette raideur des muscles de la nuque dans les cas de graviers rénaux. Je l'ai rencontrée un grand nombre de fois. *Sans donner ce signe comme constant, je dis cependant que quand il existe, il a la signification que je signale, ce qui me fait prédire à coup sûr l'expulsion de nouveaux graviers par tous les malades chez lesquels je le rencontre.* Dans les *uretères,* ils se trahissent par de l'hématurie ou pissement de sang ; de plus, la douleur devient plus violente, elle est souvent intolérable ; ce sont les coliques néphrétiques trop bien connues des graveleux pour que j'en donne la description. Elles durent jusqu'à ce que le gravier, ayant parcouru toute la longueur du canal qui amène l'urine des reins à la vessie, vienne tomber dans ce réservoir, où il manifeste sa présence par des symptômes que nous signalerons plus tard. L'étroitesse des uretères, le volume du gravier, mais par dessus tout les aspérités qui en hérissent la surface, sont les causes des coliques néphrétiques.

Dès que le gravier est arrivé dans la vessie, la douleur cesse tout à coup; en général, il ne tarde pas à être expulsé; mais, pour peu que son séjour se prolonge, il occasionne des envies fréquentes d'uriner, de la chaleur, de la douleur au col de la vessie, des épreintes. Mais si le gravier parvient à s'engager dans le canal de l'urèthre, il arrive avec un flot d'urine et se trouve expulsé; ou bien en changeant de position dans son trajet le long du canal, il s'arrête brusquement, et l'on a dû, dans certains cas, intervenir avec des instruments chirurgicaux pour en provoquer la complète expulsion. Ces phénomènes peuvent se reproduire chaque fois qu'un gravier nouveau est descendu dans la vessie. Chez la femme, le séjour de graviers dans la vessie dure généralement moins de temps que chez l'homme.

Des sables peuvent même, en l'absence de graviers, donner lieu à des coliques néphrétiques. Des graviers non expulsés, deviennent habituellement le noyau de la pierre. La production de la gravelle se rattache en général aux conditions suivantes : à des maladies diverses de l'appareil génito-urinaire, comme affection de la prostate, rétrécissements du canal, inflammation chronique de la vessie ; — aux aliments : usage d'une nourriture trop succulente, trop azotée, abus de l'oseille, des tomates, etc. ; — à l'influence de la température dont l'élévation occasionne des sueurs copieuses ; — à la suppression brusque de transpirations partielles, à des selles rares, à l'âge critique, à l'hérédité.

L'homme y est plus sujet que la femme. Elle est rare dans l'enfance, tandis qu'à cet âge la pierre est assez commune.

Une irritation simple des reins, sans inflammation, peut produire la gravelle.

Des mucosités accompagnent constamment la production des sables et des graviers. Elles enlacent des grains de sable plus ou moins nombreux, les rapprochent en se condensant et les unissent en une masse plus ou moins volumineuse, le gravier se trouve alors formé. L'origine de la gravelle ainsi comprise donne lieu à deux déductions thérapeutiques aussi légitimes l'une que l'autre :

1° Empêcher les mucosités de se condenser en les expulsant à temps ;

2° Les dissoudre et désagréger par là même le gravier ; c'est tout le secret des Eaux minérales *qui dissolvent les calculs*.

Nous trouverons plus loin l'application de ces principes.

L'acide urique provient :

1° Des éléments azotés des tissus qui se désassimilent par usure ;

2° Des aliments riches en azote, auxquels certaines conditions pathologiques ne permettent pas d'être converties en parties constituantes du sang.

Des observations nombreuses prouvent que l'introduction de l'acide oxalique dans l'alimentation peut donner lieu à des calculs d'oxalates.

Les phosphates alcalins et terreux ont été trouvés dans les urines d'individus atteints de débilité nerveuse, soit générale, soit locale ; de dyspepsie, dans les affections plus ou moins avancées de la moëlle épinière, avec ou sans paralysie ; chez les vieillards, où ils sont très-fréquents dans le système circulatoire sous forme de concrétions artérielles ; dans la vessie, ils constituent des calculs.

Il faut surveiller l'alimentation avec soin ; les aliments azotés doivent être considérablement réduits, mais non complétement supprimés ; on fera de l'exercice musculaire, autant que le permettront les forces du malade et la nature de la maladie ; on supprimera l'oseille.

Les *ferrugineux* tiennent, parmi les médicaments à opposer à la diathèse urique, une place très-importante. D'abondants dépôts d'urates disparaissent très-rapidement sous l'influence du fer, surtout chez les personnes débiles.

Les *alcalins,* et surtout les carbonates, crénates, etc., se placent au premier rang dans le traitement de la maladie qui nous occupe.

M. le professeur Bouchardat professe que les bicarbonates alcalins doivent être administrés dans une *quantité considérable de véhicule,* sous peine de voir la nature des urines changer presqu'immédiatement, devenir alcalines au lieu de rester acides,

et déposer des phosphates au lieu d'acide urique.
« L'eau est le meilleur lithontriptique, les grands
buveurs d'eau n'ont jamais la pierre. »

Ainsi donc, dans la *gravelle urique*, l'eau de Vittel est indiquée, quelle que soit l'idée qu'on se fasse
de sa manière d'agir.

Dans la *diathèse oxalique*, les indications thérapeutiques sont les mêmes que dans la diathèse
urique.

La *phosphaturie* a une grande importance pathologique quand les dépôts phosphatiques sont persis-
tants.

Les maladies de l'estomac, des centres nerveux,
des voies urinaires fournissent d'amples matières à
la phosphaturie ; il suffit de nommer entr'autres la
cystite catarrhale chronique, les engorgements prostatiques, les rétrécissements de l'urèthre, les paralysies de la vessie.

Les avantages de l'Eau de Vittel dans ces divers
cas sont tellement marqués, qu'elle revendique une
des premières places parmi les moyens usités dans
leur traitement.

Dans la cystite chronique catarrhale, l'urine devient *alcaline*, nos Eaux agissent dans ce cas sur le
mode de sécrétion urinaire en lui faisant récupérer
sa réaction acide normale, partant, en la mettant
dans des conditions chimiques favorables à la dissolution et à l'entraînement des phosphates.

*Elles conviennent dans toutes les espèces de gra-
velle.*

Elles agissent à la manière d'un reconstituant,
en régularisant les fonctions.

L'Eau de Vittel, convenablement administrée, est le *liquide le plus favorable et le plus heureusement choisi* pour mener à guérison les cystites chroniques, la gravelle, les catarrhes de la vessie, qui sont si fréquemment la cause de la pierre.

L'effet thérapeutique des Eaux minérales de Vittel est facilement appréciable.

Sous leur influence, le rejet de l'acide urique s'exécute avec une énergie inusitée ; dans les cas de gravelle phosphatique, les produits lithiques accumulés dans les reins ou déposés dans le fond de la vessie sont balayés et entraînés au dehors. En même temps que ce rejet s'opère, il se passe dans l'économie et dans les reins deux phénomènes que je me contente de rappeler :

1° L'urine redevenant acide dissout et entraîne les produits phosphatiques.

2° Les sécrétions pathologiques rénales et vésicales tendent à se tarir ; les phosphates diminuent, puis disparaissent en cédant la place à des produits uriques infiniment moins rebelles à la guérison.

En général, les concrétions calcaires subissent pendant la saison des modifications notables, elles sont rendues et elles arrivent au dehors presque toujours dans un état de démolition plus ou moins avancé.

Ce n'est pas ce que l'on doit entendre par dissolution, c'est de la *désagrégation* qui, en résumé, aboutit au même résultat que la dissolution.

Cette *désagrégation* consiste dans la dissociation des éléments uriques ou phosphatiques, que le mucus durci et compact tenait agglutinés ; la trame se dissout ; les sables manquant alors de leur lien naturel sont entraînés par l'urine en même temps que d'abondantes mucosités.

Cette interprétation doit s'appliquer aussi bien aux sables qu'aux graviers ; car dans les deux cas, l'élément catarrhal est d'une importance et d'une constance telles qu'on doit le considérer plutôt comme un symptôme que comme une complication de la gravelle. C'est en faisant disparaître le catarrhe, en amenant une crise vers les organes urinaires que l'eau de Vittel achemine le graveleux vers la guérison. Quelquefois la dépuration est si vive et si énergique, que la crise ressemble, aux douleurs néphrétiques près, à celles que la nature suscite de temps en temps.

Lorsqu'il sera question de la *goutte*, nous aurons à revenir sur l'étiologie, l'évolution et le traitement de la gravelle. Nous verrons alors quelles relations intimes existent entre ces deux maladies, si intimes en effet qu'on en est venu à les considerer comme des manifestations de la même diathèse.

§ II. — Calculs vésicaux

L'eau dissolvant le mucus qui entre dans la constitution des graviers et des pierres, il en résulte que, quand il y aura une pierre dans la vessie, sa présence sera rendue évidente par des symptômes plus aigus, par du sang dans les urines, des besoins plus fréquents d'uriner, en somme par l'aggravation des symptômes. J'ai déjà eu plusieurs fois l'occasion d'annoncer qu'une pierre existait dans la vessie par l'observation seule des phénomènes développés par l'eau de Vittel en boisson, et mes prévisions ont été confirmées par la découverte du corps étranger.

Un calcul extrait de la vessie ne met pas, par le fait même de l'opération, le malade à l'abri d'une récidive, et c'est pour s'y soustraire que l'usage de nos Eaux doit être prescrit.

Nous avons fait remarquer qu'un gravier descendu des reins dans la vessie devient souvent le noyau d'une pierre ; il importe donc que ce rudiment ne séjourne pas longtemps dans le réservoir urinaire. Rien de préférable à l'eau pour l'en chasser.

Donc, l'usage des eaux diurétiques doit être recommandé aux calculeux *après l'opération,* et elles auront pour avantage de combattre efficacement une récidive ; de débarrasser la vessie du catarrhe et de l'irritation qui persistent souvent à la suite de l'opération ; de combattre et guérir la dyspepsie et la débilité qui accompagnent les affections de ce genre.

21ᵉ Observation

M. T., âgé de 45 ans, d'une constitution robuste, d'un teint fortement coloré, éprouve depuis un an, dans la région lombaire droite, une gêne qui, après une fatigue quelconque, devient une véritable douleur. Depuis longtemps déjà, M. T. voit ses urines déposer autour du vase une matière rouge ; il y a 6 mois il a rendu du sable au prix de vives douleurs. Depuis lors ces douleurs se sont montrées de nouveau plusieurs fois ; aussi les eaux de Vittel ont-elles été prescrites par deux médecins distingués, consultés par M. T.

A son arrivée, on ne constate de lésion que du côté du rein

droit. Une pyélite catarrhale jointe à la présence d'un gravier dans le rein explique le trouble remarqué dans l'urine et les douleurs lombaires. Le cathéterisme montre qu'il n'existe pas de pierre dans la vessie. La matière qui se dépose autour du vase est de l'acide urique.

M. T. est soumis à l'usage de l'eau de la Grande Source en boisson et en douches sur la région rénale droite. Au huitième jour du traitement une douleur assez vive se manifeste, une crise de coliques néphrétiques éclate, mais elle dure peu ; dès le lendemain, à la suite de l'émission d'un petit gravier, elle était apaisée. Pendant huit à dix jours, de la poussière rougeâtre, du sable et de petits graviers descendent du rein sans que les douleurs soient bien vives. Puis les produits lithiques diminuent peu à peu, et, au terme de sa saison de 25 jours, M. T. rend une urine normale ne déposant nullement et n'éprouve plus dans le rein ni douleur ni gêne. M. T. boit chez lui tous les deux mois quelques bouteilles d'eau minérale ; il revient l'année suivante. Sa guérison est confirmée, elle est complète.

22ᵉ Observation

M. D., âgé de 48 ans, est un malade que nous avons déjà vu à Vittel il y a trois ans. Il est d'une constitution bonne, d'un tempérament bilieux. Il y a 6 ans, il a eu une première colique néphrétique très-violente qui a été suivie de l'émission d'un petit gravier d'acide urique. Pendant deux ans, aucune douleur ne s'étant plus manifestée, M. D. n'a fait aucun traitement. Il y a quatre ans, une sensation de pesanteur avec gêne, picottements, quelquefois avec douleur, était perçue dans la région rénale gauche ; une nouvelle colique néphrétique se déclara. Vittel fut conseillé. Après une première saison, pendant laquelle M. D. rendit du sable et des graviers en grande quantité sans aucune colique, les douleurs, la gêne, éprouvées naguère du côté du rein avaient considérablement diminué. Pendant un an tout se passa bien, sauf la gêne qui persistait, augmentait, diminuait suivant une foule de circonstances. Il y a deux ans, les douleurs vagues, la sensation de pesanteur, des besoins plus fréquents d'uriner attirèrent de nouveau l'attention. Ces symptômes allèrent peu à peu s'aggravant et aboutirent à une colique néphrétique qui dura vingt heures presque sans rémission ; le gravier tombé dans la vessie ne fut rendu que deux jours après, encore je fus obligé de l'extraire de la fosse naviculaire, où il s'était arrêté, provoquant sur son passage depuis la vessie, un écoulement de sang assez abondant. Ce gravier est de nature phosphatique, il est rugueux, creusé d'une foule de trous et comme carié. Une fois cette crise complétement terminée, M. D. retourna chez lui, où il continue à boire de l'eau de Vittel de temps en temps.

23ᵉ Observation

M. P., 33 ans, homme de cabinet, éprouve de la douleur dans les reins tous les soirs. Il l'attribue à une contusion reçue en ce point dans une chute de voiture. Il rend une urine légèrement glaireuse dans laquelle nagent des pellicules rougeâtres qui se déposent autour et au fond du vase. Cette matière est de l'acide urique. M. P. n'a jamais eu d'accès de goutte, il n'y a rien d'héréditaire dans son affection, il n'a jamais eu de coliques néphrétiques. Depuis un mois environ, il ressent surtout vers le soir une douleur contusive à la nuque qui a été traitée sans succès par les ventouses et les onctions laudanisées. Pendant vingt jours il boit l'eau de la Grande Source. Rien de particulier ne se manifeste pendant son traitement. Ce n'est que rentré chez lui après sa saison faite, quand il ne boit plus d'eau, qu'il commence à rendre des sables en abondance; puis peu à peu les douleurs de la nuque, des lombes diminuent pour enfin disparaitre ; les urines redeviennent limpides. Le malade boit de l'eau à domicile; toutes ses fonctions se font parfaitement bien et depuis lors on n'a plus rien trouvé dans les urines.

24ᶜ Observation

M. B., âgé de 58 ans, rend des graviers depuis plus de quinze ans. Il a fréquenté de nombreuses eaux minérales, et malgré le rejet de beaucoup de graviers tout converts d'aspérités et rouges, il continue à avoir mal aux reins. Sa constitution est forte, son tempérament est bilioso-nerveux. Depuis fort longtemps le foie est gros. Au début les crises ont été extrêmement violentes, les coliques néphrétiques atteignaient une intensité extrême. Elles allèrent ensuite en diminuant, et depuis quelques années elles sont extrêmement légères. Cependant M. B. rend de temps en temps des graviers plus ou moins volumineux. Le flanc droit est gêné. Il est rond, sensible à une pression énergique. La marche et la fatigue y développent de la sensibilité. L'épaisseur des muscles de la région sacro-lombaire ne permit pas de limiter exactement le volume du rein, dont la matité se confond avec celle du foie que nous avons dit être très-volumineux. Cette gêne persistante dans cette région exista jusqu'au moment où une crise formidable vint changer l'aspect physique de ces organes.

Un gravier énorme (et on pourrait bien l'appeler une pierre) fut rendu. Il n'y eut pas de coliques néphrétiques, le gravier, malgré son volume, descendit dans la vessie sans occasionner de sensation autre que celle d'un poids dans le flanc droit, mais une fois dans la vessie, il provoqua tous les symptômes les plus aigus, les plus douloureux de la pierre. Il ne fut rendu par le canal que le septième jour, à la suite de douleurs intolérables. Il a la forme d'une très-grosse fève aplatie, d'une largeur de un centimètre, d'une longueur de vingt-sept millimètres ; il pèse plus d'un gramme (on sait que l'acide urique est assez léger). Il est rouge et est de nature urique. C'est un des plus gros calculs rendus sans opération. Depuis son expulsion, qui date déjà de plus d'un an, M. B. a joui d'une santé excellente, la région rénale droite a la même conformation que de l'autre côté, et M. B. ne doit évidemment *l'expulsion de ce gros calcul* et sa *guérison* qu'à sa persistance à venir faire usage de l'eau de Vittel.

25ᵉ Observation

M. R., magistrat, âgé de 40 ans, d'un tempérament biliosonerveux, d'une constitution médiocre, peu enclin à prendre de l'exercice, souffre depuis dix-huit mois de la région lombaire, mais particulièrement du côté gauche, qui a été le point de départ de quatre à cinq crises assez vives, qui venaient toutes aboutir à la vessie, avec des besoins fréquents d'uriner, des mucosités plus ou moins abondantes dans les urines, mais sans autre chose ; la rémission, du reste, n'était pas complète après chaque accès. On s'accorda cependant à considérer cette affection comme une gravelle rénale. Les fonctions digestives laissent à désirer. M. R. a contracté la mauvaise habitude de travailler immédiatement après avoir mangé. Les douleurs lombaires sont ce qui le préoccupe le plus.

La première saison s'est passée à Vittel en faisant usage de l'eau de la Grande Source en boisson, en douches et en bains. M. R. rendit du sable en abondance avec des mucosités qui tapissaient le fond du vase. A deux reprises pendant l'hiver les douleurs se reproduisirent, mais moins intenses ; une seconde saison débarrassa complétement M. R. de tout ce qu'il éprouvait ; il n'a plus rendu de sable et jouit d'une santé qui ne laisse aujourd'hui rien à désirer.

CHAPITRE X

MALADIES GOUTTEUSES

§ Ier — GOUTTE NORMALE

> Quel mortel sur la terre ne reconnait en moi
> la reine invincible des douleurs ?
>
> *Tragodopodagra*

De tout temps la *goutte* a fait le sujet de publications médicales importantes, ce qui prouve que la maladie est grave et fréquente.

Dès qu'on se met à étudier la goutte, on se trouve immédiatement contraint de faire, dans l'évolution de cette maladie, une distinction entre l'accès et la diathèse.

Tout ce qui a trait à la partie descriptive a été écrit par Sydenham d'une manière si exacte et si complète, qu'on n'a pu depuis lors que citer ses propres expressions.

On s'est servi d'expressions nombreuses pour dénommer la maladie qui nous occupe ; nous conserverons le vieux mot GOUTTE, comme ne préjugeant de rien.

La goutte, appelée jadis : *Dominus morborum,*

parce qu'elle est la plus douloureuse de toutes les maladies, peut se présenter sous des aspects divers et revêtir la forme *aiguë*, la forme *chronique*, être *normale* ou *irrégulière*.

Goutte aiguë. — Jamais la goutte ne débute brusquement ; l'accès est toujours précédé de phénomènes prémonitoires. Graves n'admet l'existence de ces prodrômes que dans la goutte acquise et jamais dans la goutte héréditaire ; il fait même de cette différence un signe distinctif entre ces deux origines de la goutte, et il complète leurs signes différentiels par le suivant : Dans la goutte héréditaire, l'urine est claire et abondante au début de l'accès, elle ne devient épaisse qu'à la fin.

Dans la goutte acquise, on peut faire la remarque inverse ; elle est rare, épaisse, chargée au début, mais s'éclaircit à la fin de l'accès.

Comme signes des plus fréquents, nous noterons tantôt une dépression, tantôt une surexcitation du système nerveux ; ici, de la langueur ; là, une activité inusitée des fonctions ; chez certains individus, de la dyspepsie, de la paresse de corps, de la morosité d'esprit, des grincements de dents, de l'insomnie, de la constipation, des urines rares et chargées, de l'engourdissement dans les membres ; chez d'autres, un bien-être et une gaîté insolites, un appétit excellent, une digestion active et complète, des selles faciles, des urines claires, abondantes, etc.

En un mot, un changement soudain dans l'état de santé, soit en bien, soit en mal, doit mettre en garde contre l'explosion d'un accès.

Entre minuit et trois heures du matin, survient une douleur atroce sur le gros orteil, dans le calcanéum, le mollet, le talon ; c'est la douleur de l'entorse, du plomb fondu qu'on verse dans la moëlle des os, des chiens qui dévorent le membre.

Il n'est pas d'expressions ni d'images qui n'aient été employées par les goutteux pour dépeindre leur supplice.

A ce moment, la partie douloureuse n'offre que de la turgescence dans le réseau veineux superficiel, ce n'est que vingt-cinq à vingt-six heures après que l'orteil se tuméfie, devient rouge, chaud et lisse comme une pelure d'oignon. La fièvre se développe, les urines deviennent rares, cuisantes et laissent déposer des sédiments rouges. L'œdème s'empare du pied et monte jusqu'aux malléoles ; le moindre attouchement arrache des cris au patient ; vers le matin, il survient de la rémission, puis du calme qui permet le sommeil ; la nuit suivante, à la même heure, nouvelle scène identique à la première.

Plus les accès nocturnes sont nombreux, plus la partie atteinte reste faible et met de temps à reprendre ses fonctions ; ce n'est guère en général que vingt à trente jours après le début de l'attaque que le goutteux peut se servir de son pied malade avec quelque succès.

La fin de l'hiver et le printemps sont deux saisons fatales aux goutteux. C'est le gros orteil qui est le siége de prédilection de la goutte, ce qui lui a valu son nom de *Podagra*, et elle paraît affectionner le côté gauche plus que le droit.

L'inflammation goutteuse ne se termine jamais

par suppuration, ce qui constitue, bien plus que l'œdème et la desquamation, un caractère distinctif entre la goutte et le rhumatisme.

Les urines subissent des variations importantes en raison des sympathies étroites qui existent entre la goutte et les reins. Jusqu'à ce que l'accès ait atteint son summum, les urines sont rares ; quand la fièvre est tombée, elles deviennent plus copieuses ; elles laissent déposer un sédiment rouge brique plus ou moins abondant. Cette forme de la goutte qu'on appelle *normale, légitime, régulière, sthénique,* peut subir dans son évolution des modifications nombreuses, susceptibles même de masquer tellement la nature réelle de la goutte, qu'on éprouve les plus grandes difficultés à la reconnaître.

Toutes les anomalies que peuvent présenter les symptômes goutteux sont, suivant la remarque de Gairdner, l'indice d'un ébranlement profond dans la constitution.

Plus une attaque de goutte s'éloigne de l'accès type que nous venons de décrire, plus l'économie est envahie profondément. « Tant que la constitution reste vigoureuse, la maladie conserve sa force normale ; mais si elle s'affaiblit ou est naturellement faible, l'attaque devient irrégulière, et peut passer par deux degrés. »

« Le premier caractérise une attaque de *goutte chronique,* le second, la *goutte atonique.* » *(Braün.)*

Goutte chronique. — La goutte peut revêtir d'emblée les caractères de la chronicité, ou ne passer à cet état qu'après avoir été aiguë, ce qui est le cas le plus ordinaire.

Ses accès se différencient de l'état aigu par une plus grande fréquence et un moindre intervalle, par une marche moins aiguë, moins rapide, par la résorption incomplète des produits d'exsudation et la lenteur avec laquelle la constitution se remet de la secousse ; la douleur est moins vive, il y a de l'œdème plutôt que de l'inflammation ; ce n'est plus aussi souvent le gros doigt de pied qui est atteint ; plusieurs articulations sont prises successivement. Les concrétions goutteuses, les *tophus* sont plus ou moins volumineux, ils se déposent autour des cartilages des articulations, dans les ligaments, les tendons et leurs gaînes. Les pieds et les mains ne sont pas les seuls organes que les tophus envahissent d'habitude ; M. Charcot a signalé leur présence sur le cartilage des oreilles ; on en trouve aussi quelquefois dans les organes internes.

L'urine de la goutte chronique diffère radicalement de celle de la goutte aiguë. Elle renferme à peine de l'acide urique, mais souvent de l'albumine et du sucre.

Par une transition insensible, la goutte chronique se transforme en goutte atonique.

Goutte atonique, irrégulière, rentrée, mal placée, etc. — Beaucoup de circonstances peuvent en favoriser le développement, « mais aucune n'y a tant de part que l'abus de certains médicaments, les alcalins, les purgatifs et les traitements débilitants, un régime trop sévère, des émissions sanguines exagérées. » *(Braün.)*

« Tous les auteurs qui ont écrit sur la goutte ont

reconnu la difficulté qu'il y a à bien décrire cette forme ; il est très-difficile, en effet, de trouver et de suivre exactement le fil conducteur dans le labyrinthe de ses manifestations multiples et protéiformes. » *(Braün.)*

Elle a une grande tendance à se déplacer, elle abandonne rapidement les jointures pour se jeter sur les viscères et menacer sérieusement la vie.

Si cette forme de la goutte n'est pas la plus douloureuse, ce n'en est pas moins la plus grave. L'estomac, le cerveau, le cœur, le foie, les poumons, la moëlle épinière sont les organes qui peuvent être atteints isolément ou simultanément.

Diathèse goutteuse

L'accès de goutte est une maladie locale ; ce n'est qu'un symptôme révélateur d'une affection constitutionnelle, d'une diathèse, la *diathèse goutteuse* qui préexiste aux accès.

Ses signes révélateurs sont assez variables ; ce sont des dérangements gastriques selon les uns, des troubles cardiaques selon d'autres, des modifications dans la constitution du liquide urinaire, suivant le plus grand nombre ; *modifications qui consisteraient dans la diminution de la quantité d'acide urique dans l'urine, et son augmentation dans le sang.* Cette découverte, due aux belles recherches de Garrod, nous donnera la clef de la cause prochaine de la goutte, et nous aidera à *expliquer le mode d'action de nos eaux minérales dans le traitement de cette maladie.*

Comment se développe la diathèse goutteuse ?
Pourquoi tel individu semble-t-il prédestiné plutôt que tel autre à avoir la goutte ? La prophylaxie
gît toute entière dans la découverte des causes
prédisposantes de la goutte ; savoir pourquoi on
peut devenir goutteux, c'est avoir fait un grand
pas pour échapper à la maladie.

Je n'hésite pas à placer l'*hérédité* au premier
rang des causes prédisposantes de la goutte. Elle
saute souvent une génération et engendre la goutte
chronique plus fréquemment que la goutte normale.

Les hommes y sont beaucoup plus exposés que
les femmes ; surtout de 30 à 35 ans.

Le *tempérament* ne fournit aucune donnée relative à la disposition prochaine à une attaque de
goutte, l'influence de la *constitution* est plus
appréciable.

Tout ce qui a une action excitante ou débilitante
sur le système nerveux peut donner lieu à une
attaque. Un exercice violent, un excès dans le boire
ou le manger, l'usage de certains aliments, un changement brusque et considérable dans la température, des influences morales comme la joie, la
frayeur, des excès vénériens, une suppression de
transpiration ou d'un exutoire ; telles sont les
causes les plus communes de l'attaque de goutte.

La *surabondance d'aliments* a été regardée de
tout temps comme une des principales causes de la
goutte, ce qui a donné lieu à l'aphorisme suivant :
« La goutte a pour cause un excédant de la recette
sur la dépense. » Une nourriture animalisée, exci-

tante, renfermant une grande quantité d'éléments azotés, provoque la formation d'un excès d'acide urique et d'urée.

Les *boissons alcooliques* ne provoquent pas par elles-mêmes des manifestations goutteuses, il faut en excepter la bière.

Je serais très-disposé à mettre en première ligne dans la genèse de la goutte, *les travaux de l'esprit et les affections morales*, en y joignant *un genre de vie sédentaire*.

Le nombre de savants illustres, d'hommes d'Etat atteints de la goutte est incroyable. Sydenham se consolait de ses tortures en disant qu'elles atteignent plus de sages que de fous, plus de rois que de mendiants.

Tout ce qui déprime ou surexcite le système nerveux y prédispose.

Une vie sédentaire, les excès vénériens, rentrent comme étiologie dans les catégories précédentes.

Quelle est la cause prochaine de la goutte ? Autrement dit : quelle idée doit-on se faire de la nature de la goutte ?

Question agitée depuis longtemps et qui a donné lieu à de nombreuses théories dont l'exposé dépasserait de beaucoup les limites de mon guide.

La goutte diffère essentiellement du rhumatisme malgré l'opinion de très-grands praticiens qui les regardent comme identiques.

Pour mettre d'accord les deux opinions contraires, on a créé la dénomination de *rhumatisme goutteux*, maladie que J. Brown déclare ne pas exister.

Cependant la goutte aime à s'entourer d'un cortége assez varié d'autres maladies. « J'ai la néphrétique et tu as la goutte ; nous avons épousé les deux sœurs, » écrit Erasme à un de ses amis.

Tout ce que nous avons dit jusqu'ici de la goutte et de la gravelle, peut faire conclure que ces deux maladies ont des points de contact extrêmement nombreux.

D'après de récentes observations, l'asthme paraît accompagner souvent la goutte, de même que certaines maladies dartreuses, la migraine et les hémorrhoïdes.

Comme prophylaxie, on devra s'astreindre à faire tous les jours un exercice suffisant, et régler la quantité et la qualité de la nourriture de manière à maintenir l'équilibre entre les gains et les pertes.

On se prémunira contre les atteintes du froid, surtout au printemps.

Sans s'astreindre à un régime exclusivement végétal, comme le veulent certains praticiens, on éloignera de sa table les aliments trop fortement azotés et trop nourrissants, comme le gibier. On usera de vin très-modérément. Les liqueurs doivent être à tout jamais proscrites. Ainsi que la bière, le café sera permis aux goutteux qui en ont l'habitude.

Rien de précieux dans le régime comme le lait, cet aliment-boisson que tous les estomacs digèrent. Les bains conviennent en général très-peu ; ils seront fort avantageusement remplacés par des frictions sèches. On évitera les veilles prolongées, les travaux et la contention d'esprit. Les excès de tout genre ont sur la marche de la goutte une grande influence.

Nous ne citerons que quelques observations; les multiplier n'ajouterait rien à la démonstration.

Au surplus, on en trouvera un grand nombre dans mes publications antérieures.

26ᵉ Observation

M. H. est atteint depuis douze ans d'une goutte héréditaire qui n'a jamais quitté les pieds, mais qui depuis deux ans se renouvelle avec plus de fréquence et dure de plus en plus longtemps. M. H. est âgé de 53 ans et en est arrivé à la stricte obligation de se surveiller avec le plus grand soin pour ne pas déterminer des accès. Toutefois il ne peut échapper aux époques ordinaires des crises, surtout au printemps. C'est à peine s'il a aujourd'hui six mois en deux reprises où il est à peu près libre, mettant de côté la gêne occasionnée par des déformations permanentes, qui depuis trois à quatre ans restent stationnaires. Sobre forcément, M. H. fait un exercice suffisant quand il est libre. La peau fonctionne convenablement, l'appétit est bon, le ventre libre. Les urines charrient de temps en temps du sable rouge très-fin. L'état ci-dessus décrit existait il y a quatre ans, et depuis ce temps M. H. fréquente Vittel annuellement. Les déformations osseuses ne se sont pas modifiées, mais l'empâtement péri-articulaire a complétement disparu ; les accès sont allés en diminuant de longueur et d'intensité; cette année M. H. a eu, il est vrai, un accès au printemps, mais il a été de peu de durée et n'a pas laissé de suite. J'engage M. H. à continuer de venir à Vittel encore plusieurs années ; il est, du reste, parfaitement convaincu qu'il n'obtiendra une amélioration durable qu'à cette condition.

27ᵉ Observation

M. O., 52 ans, très-robuste, n'a jamais eu ni goutteux ni graveleux dans sa famille. M. O. mène une vie tantôt fatigante, tantôt privée d'exercice. Son premier accès eut pour cause déterminante une longue chasse que suivit un dîner plantureux. Depuis lors les accès n'ont jamais manqué une année et toujours à la même époque, au mois de mars. Les deux orteils, puis les deux pieds sont successivement envahis. Les accès sont franchement inflammatoires, avec la réaction la plus vive, durant de huit à dix jours avec les exacerbations nocturnes classiques. Les urines sont rares et rouges dès le début; elles restent telles jusqu'à la fin de la crise, qui dure au total un mois. La résolution se fit d'abord complétement, mais depuis quelque temps, M. O. ressent des malaises du côté de l'estomac et des intestins en dehors de ses accès, et il pourrait bien y avoir à redouter quelque transport goutteux sur les organes.

Une première saison à Vittel fit disparaître tout ce qui menaçait l'estomac et les intestins, et dès cette première année, la goutte fut ramenée à son type normal et régulier. M. O. but chez lui de l'eau de Vittel pendant presque toute l'année. La deuxième saison qu'il fit provoqua pendant la crise même un accès qui dura quinze jours, mais l'accès suivant, qui devait venir au printemps, ne se produisit pas. Continuation de l'eau à domicile, troisième saison, pas d'accès pendant toute l'année. Tel est l'état actuel de M. O.; il y a dix-huit mois qu'il n'a pas eu d'accès et sa santé est magnifique.

28ᵉ OBSERVATION

M. P. est atteint d'une goutte de mauvaise nature dont chaque accès a laissé des traces ineffaçables. Quoique jeune, M. P. n'a que 37 ans, ses mains sont déformées, ses pieds sont impotents, les grandes jointures ont déjà été envahies, il y a même eu quelques menaces du côté du cœur; l'état est grave. De nombreux tophus ont envahi les mains, les coudes, les oreilles; il y a deux ans, la vessie a été prise, et il reste encore aujourd'hui du catarrhe et de la dysurie. M. P. est constamment sous l'influence d'un malaise général qui ne lui permet pas de se livrer à de grandes occupations. Les accès sont moins violents qu'autrefois, mais ils sont beaucoup plus dangereux. Je fais d'abord comprendre à M. P. que sa goutte est déviée

de sa marche régulière et que le traitement exigera beaucoup
de temps. Depuis trois ans, M. P. vient régulièrement à Vittel
passer une saison. Il est encore goutteux, c'est certain, mais
la malignité de sa maladie s'est éteinte, les tophus n'augmentent pas, les mains ont repris de la souplesse ; un accès franc
a éclaté cette année, et une fois qu'il a été passé, M. P. a joui
d'un bien-être inaccoutumé.

29ᵉ OBSERVATION

Contrairement au précédent, M. A., qui a eu des accès bien
plus nombreux, qui est plus âgé, a été traité par la goutte
d'une façon plus bénigne. D'un tempérament nerveux, d'une
constitution sèche, d'une grande sobriété, M. P. est âgé de
56 ans. Il est employé dans une grande administration et d'une
grande assiduité à son travail, ses fonctions sont sédentaires.
Il a généralement un accès par an, qui dure de six semaines à
deux mois, puis il n'y paraît plus jusqu'à l'année suivante. Le
premier mois, c'est une véritable maladie fébrile avec tous les
symptômes de l'inflammation, anorexie, courbature, mal de
tête, urines rares et chargées, soif, etc., etc. Le second mois,
les douleurs ont disparu, mais il y a du gonflement, de la
faiblesse dans l'articulation envahie ; puis ces symptômes diminuent peu à peu, et au bout du second mois, M. P. est tout à
fait valide ; il retourne à son bureau et il est tranquille pour
jusqu'au printemps suivant. A la suite d'une première année
passée à Vittel, l'accès n'a duré que six semaines, après la seconde un mois seulement. J'engage M. P. à continuer à venir
encore pendant quelques années. Il est très-satisfait du résultat obtenu.

30ᵉ OBSERVATION

M. C., magistrat des plus éminents, âgé de 62 ans, est goutteux depuis plus de quinze ans, et la goutte s'est plue à lui
contourner les membres et à les déformer. Tempérament nerveux, constitution sèche, M. C. ne supporte pas facilement la

douleur ; cependant ses accès sont interminables. Au début de sa goutte et encore aujourd'hui, M. C. emploie assez largement les médicaments à base de colchique, et une fois l'accès à peu près passé, les bains. Ce sont, à mon avis, les deux moyens les plus pernicieux à employer contre la goutte. Aussi les pieds et les mains de M. C. sont dans le plus piteux état. Dans ses meilleurs moments, M. C. peut à peine marcher avec une canne, et sa main droite tient une plume avec beaucoup de difficulté. Les fonctions digestives se font assez bien, mais, dans les crises, l'appétit n'existe plus, le sommeil s'enfuit, les selles sont rares ; les urines chargées et laissant déposer du sable abondamment. L'état de M. C. est évidemment des plus graves, et sa goutte n'a qu'un pas à faire pour envahir les organes internes. Tel était il y a quatre ans l'état de M. C.; aujourd'hui, après quatre cures successives et régulières à Vittel, il y a un très-grand changement. J'ai supprimé les bains et j'ai obtenu que M. C. ne fit qu'un usage extrêmement modéré du colchique. L'appétit est également bon, le dernier accès a duré un mois complet, mais n'a laissé à sa suite rien de plus que ce qui existait précédemment ; la marche se fait avec beaucoup plus de facilité, la main est incomparablement plus libre. Ces résultats très-satisfaisants sont dus à plusieurs saisons passées à Vittel.

TRAITEMENT DE LA GOUTTE

« Dans le traitement de la goutte, le médecin ne
« doit jamais oublier que le médicament qui calme
« un accès rend plus prochain l'accès à venir, et
« tend ainsi à les multiplier. » *(Trousseau.)*

L'énumération seule des arcanes vantés à tort ou à raison, nous prendrait un temps que nous emploierons mieux à indiquer le bien qu'on peut faire qu'à raconter le mal qu'on a fait.

On peut ranger sous deux chefs les médicaments

préconisés contre la goutte : les préparations de colchique et les alcalins.

Il n'est pas, dans toute la médecine, une médication sur le compte de laquelle il y ait plus de divergences d'opinions qu'à propos du colchique et du bicarbonate de soude appliqués au traitement de la goutte.

Pour les uns, hors du colchique panaché ou autre, et de Vichy, pas de salut ; pour d'autres, dans le colchique et à Vichy, menaces des plus grands dangers. Tel concevra des craintes à propos de l'emploi du médicament ; tel autre, en raison de son mode d'administration seulement et de l'abus qu'on en fait.

Il est parfaitement démontré qu'en toute chose l'abus est pernicieux, et l'observation prouve que le colchique et les alcalins imprudemment administrés ont eu les plus funestes résultats.

Qui ne connaît la description de la cachexie goutteuse ? Elle est souvent la conclusion d'un traitement sur lequel on a trop insisté, dans lequel on n'a pas su s'arrêter à temps.

La goutte chronique, et plus encore, la goutte atonique viscérale, ont été plus d'une fois l'aboutissant d'une goutte aiguë normale qu'on a gorgée de colchique et de bicarbonate, sans compter les accidents du côté du cerveau.

Il n'est pas niable que le colchique n'abrège la longueur d'un accès de goutte aiguë, mais c'est bien certainement au détriment du malade, en le conduisant à une forme de la maladie plus grave que celle qu'on cherche à combattre.

C'est un médicament puissant, mais « les re-
« mèdes les plus puissants peuvent beaucoup de
« mal, et lorsqu'on supprime ainsi subitement une
« attaque de goutte sans avoir antérieurement mo-
« difié la diathèse goutteuse, le médecin doit tou-
« jours craindre de déplacer la crise. » *(Trousseau.)*

Le colchique, de l'aveu même du professeur
éminent qui en recommande, mais prudemment
l'emploi, ne modifie en rien la diathèse goutteuse.

Sera-t-on plus heureux avec le bicarbonate de
soude et les eaux de Vichy ? Hélas ! le danger paraît encore plus grand.

« De nos jours, les eaux de Carlsbad, de Vichy,
« de Vals, ont été conseillées dans le traitement de
« la goutte ; il n'est pas de médication plus péril-
« leuse, surtout quand elles sont données sans dis-
« cernement. » *(Trousseau.)*

« Dans la goutte irrégulière, où le malade ne
« ressent plus de violentes douleurs, mais est tou-
« jours sous l'imminence de douleurs sourdes, pas-
« sagères, alternant avec des troubles fonctionnels
« variés, il convient surtout de se tenir sur une
« grande réserve ; l'eau de Vichy, en cette forme
« de goutte, peut avoir les plus fâcheux résultats ;
« aussi est-il prudent d'avoir recours à d'autres
« eaux, et plus particulièrement aux eaux miné-
« rales toniques et reconstituantes par elles-mê-
« mes. » *(Trousseau.)*

Donc, dans toute forme de la goutte où il y aura
besoin de reconstitution, il sera dangereux de
s'adresser aux eaux de Vichy, ce qui veut dire, que

dans la goutte chronique et dans la goutte atonique, vous vous garderez bien d'aller à Vichy, car les eaux alcalines fortes, au lieu de tonifier, ne feront que vous débiliter plus profondément.

« Il est d'ailleurs une chose remarquable, ajoute M. le professeur Trousseau, c'est que *les eaux les plus vantées contre la diathèse urique, sont précisément efficaces en raison inverse de leur alcalinité.*

Au demeurant, si en thérapeutique la grande affaire *est d'être utile,* il en est une autre qu'on ne doit jamais perdre de vue, c'est de *ne pas nuire.*

Combattre la dyspepsie qui accompagne constamment les deux dernières formes de la goutte ;

Ramener à son type légitime une goutte qui en a dévié par une cause quelconque ;

Faire couler abondamment par les reins les matériaux usés par la désassimilation, l'urée, l'acide urique, etc.

Telles sont les trois indications capitales du traitement de la diathèse goutteuse, auxquelles l'eau de Vittel satisfait complétement.

Résumons cette question en quelques lignes.

1° Nous avons démontré que nos eaux sont *peptiques,* c'est-à-dire qu'elles réussissent à rendre l'appétit ; à l'article *dyspepsie,* nous avons cité des observations concluantes et démontré que les fonctions générales progressent en même temps que l'appétit renaît.

2° Pendant l'usage de l'eau, on ne tarde pas à remarquer, dans les formes chroniques et atoniques surtout, des menaces d'accès et quelquefois des accès.

Il n'y a qu'à se féliciter d'un accès franc, quand il survient dans le cours d'une goutte chronique ou atonique, que le malade fasse à ce moment usage ou non d'eaux minérales appropriées à son état, et c'est ce qui arrive assez souvent pendant la cure.

3° La dépuration rénale devient énergique; le sable coule abondamment avec les urines, et chez les graveleux, des graviers de volumes divers sont trouvés dans les dépôts urinaires sans que leur passage ait donné lieu à aucune sensation.

L'énergie générale s'accroît en raison directe de l'énergie spéciale que chaque organe acquiert, et la résultante des actions organiques partielles est une nutrition plus physiologique est une désassimilation plus complète.

Ainsi se trouvent remplies les trois indications qui ressortent de l'étude que nous avons faite de la podagre; ce qui nous permet de conclure que la GOUTTE trouve, *quelle qu'en soit la forme, un traitement efficace dans l'usage des Eaux de* Vittel.

HYGIÈNE

Le malade, en allant demander aux Eaux un soulagement à ses souffrances, doit faciliter ce résultat désirable en apportant une extrême docilité dans l'exécution des prescriptions de son médecin. Si, dans les établissements thermaux en général, le traitement spécial est ponctuellement suivi, ses accessoires sont malheureusement trop souvent négligés; l'hygiène surtout, y est reléguée au rang des choses impossibles, ou tout au moins inutiles.

6.

Qu'on se rappelle bien cependant que quand la maladie n'a pu être conjurée, le traitement consiste encore plus dans une juste appropriation des conditions hygiéniques, que dans l'administration des moyens spéciaux.

Si jamais les préceptes de l'hygiène doivent être observés, c'est bien certainement en faisant usage des eaux.

Le traitement va rendre la peau plus impressionnable à l'air; le médicament dont cette eau est le véhicule réclamera une alimentation en rapport avec son mode d'action, à titre d'adjuvant; enfin, le moral, cette résultante des fonctions du cerveau, a besoin d'une direction convenable, dans le but de l'empêcher de devenir un obstacle à la guérison.

Nous ne saurions donc trop conseiller au malade, à celui qui vient aux Eaux pour guérir, de se pénétrer de la nécessité d'un traitement hygiénique. Chaque maladie, chaque tempérament, chaque profession a son hygiène particulière, mais cette question de détail est dominée par le chapitre des préceptes généraux, et c'est à ceux-ci que nous nous attacherons particulièrement.

Si la station de Vittel n'offre pas aux étrangers la vie opulente des stations thermales plus anciennes, qu'elle s'en console, elle n'a rien à envier à ses sœurs aînées du côté de l'importance thérapeutique. La puissance de ses eaux lui marque en hydrologie médicale un des premiers rangs.

Du reste, les plaisirs bruyants ne conviennent qu'à peu de malades; s'il en est quelque-uns auxquels la dissipation et des distractions soient nécessaires, le plus grand nombre a besoin de calme et de tranquillité.

Suivons donc le malade dans toutes les périodes de sa cure :

A son départ, il se munira d'une consultation suffisamment détaillée du médecin qui l'envoie aux eaux, précaution importante, qui fera éviter toute chance d'erreur et toute perte de temps.

La rapidité du voyage sera subordonnée aux forces du malade et à la nature de la maladie.

Son premier soin, en arrivant à Vittel, sera le choix d'un appartement. A la source même un vaste hôtel, dans le village deux hôtels et plusieurs maisons particulières lui fourniront, du reste, bon gîte et bon lit.

Il réclamera ensuite les conseils du médecin, « qui est là pour éclairer les malades sur la pratique des eaux, pour les diriger par une bonne méthode, pour rectifier leurs idées, chasser leurs préjugés. » (J. L. Alibert.)

Est-il possible de prévoir le temps que réclamera le traitement, le temps d'une saison? La limite ordinaire de vingt et un jours ne paraît guère reposer que sur l'intervalle que les femmes ont à leur disposition entre deux époques menstruelles; peut-être aussi, pour les hommes, adopte-t-on un total d'un mois, voyage compris, comme un chiffre rond pendant lequel on quitte sa famille et ses affaires.

La médecine des eaux suit les mêmes règles que la médecine en général. Le charlatanisme seul assure, dans les affections chroniques, la date de la guérison.

L'époque des eaux est fixée et doit rester fixée du 15 mai à la fin de septembre, jusqu'à ce que des observations consciencieuses soit venues nous prouver qu'elle peut être prolongée avec avantage pendant les saisons de transition et pendant l'hiver.

Les températures extrêmes sont généralement défavorables au traitement par les eaux minérales. Nous choisissons cependant les mois les plus chauds de l'année.

L'alimentation est d'une importance telle, dans la plupart des affections traitées à Vittel, que nous croyons utile de donner, à propos de chaque groupe nosologique principal, quelques notions sur le régime qui lui convient et sans lequel tout traitement devient inutile.

La plupart des préceptes concernant les goutteux sont aussi applicables à l'individu atteint de la gravelle ou de quelque maladie de la vessie. Sans s'astreindre à un régime exclusivement végétal, comme le veulent certains praticiens, on éloignera de sa table les aliments trop fortement azotés et trop nourrissants, comme le gibier.

A propos des acides, des fruits, du vin même, la question est controversée : on s'est même demandé si l'on devait faire usage de l'eau minérale aux repas ; dans certaines localités, elle est formellement interdite.

Les aliments et les fruits qui renferment des citrates, des malates, peuvent entrer sans inconvénient dans le régime de la goutte et de la gravelle. Mais pour l'acide oxalique, il faut s'en abstenir. Cet acide végétal fait très-souvent partie des calculs urinaires ; son apparition et son augmentation dans l'urine sont liées à l'usage de certains aliments (tomates, oseille, oignons, etc.), et de quelques médicaments (rhubarbe, lichens, etc.) ; il est donc sage de s'en abstenir.

Que dire maintenant de la proscription du vin ?

A part quelques maladies ou certaines répugnances, on peut, on doit même ne pas interdire le vin ; à certaines eaux minérales cependant le vin, à l'égal de la salade et des fruits est proscrit, comme un poison.

Loin d'interdire l'usage de l'eau minérale aux repas, je la conseille, au contraire, et je trouve à cette pratique plus d'un avantage et pas un inconvénient.

Une alimentation tonique, sans être trop excitante, convient dans la majorité des cas. L'usage de nos eaux développe promptement l'appétit que le malade doit satisfaire, mais dans de justes limites.

En disant que le régime doit être sévère, cela ne veut pas dire qu'on doive s'imposer la cruelle nécessité de ne jamais s'en écarter, en la moindre chose que ce soit. Cette méticuleuse défiance de tous les plaisirs a ses avantages, mais elle a aussi ses inconvénients : il ne faut pas être assez fou pour être toujours sage.

Les heures des repas, à peu près constamment régulières, seront à dix heures du matin et six heures du soir ; nous tenons à ce qu'il s'écoule au moins une heure entre le dernier verre d'eau et le déjeuner.

On doit être très-sobre dans l'usage des condiments de haut goût ; les vins légers de la localité et des environs conviennent parfaitement ; on les coupe d'habitude avec l'eau de la Grande-Source qui leur communique une fraîcheur et un piquant des plus agréables. Pendant le traitement hydro-minéral, nous ne tolérons le café que chez ceux qui ont l'habitude d'en faire usage, mais nous prohibons les liqueurs.

Les bains rentrent dans la thérapeutique.

Quant aux vêtements ; nous pouvons dire que le traitement hydriatique mettant le malade dans les conditions d'un changement de climat, il doit se soumettre aux exigences des influences nouvelles qui lui sont imposées ; on se munira donc de vêtements de coton et de vêtements de laine.

La flanelle sera placée sur telle ou telle région de la peau, les individus affaiblis auxquels leur état de maladie ne permet pas de prendre d'exercice, en généraliseront l'usage.

Pendant la matinée, nous recommandons dans l'intervalle de chaque verre, la promenade, et un exercice modéré.

Après le repas, certains estomacs exigent du repos, d'autres un mouvement modéré. Pour satisfaire ces derniers, je ne connais pas d'exercice plus salutaire que le *jeu de billard*. Il occupe le système musculaire sans pourtant occasionner de fatigue. L'homme qui s'y livre, marche, se penche, exécute des mouvements des bras qui se communiquent au tronc, et en même temps son esprit trouve des stimulants.

Dans tous les cas, lorsque l'estomac est occupé à

la digestion, il doit être le siége d'une réaction suffisante ; aucun organe, aucun système ne doit déri-
ver à son profit le sang, le calorique, l'influx nerveux dont le viscère gastrique a le plus grand besoin pour accomplir ses fonctions. C'est pourquoi
on ne devra se livrer, après le repas, ni à un travail d'esprit trop sérieux, ni à des mouvements
trop violents.

Pendant la journée, on peut varier les buts de
promenade, et les prolonger graduellement.

Pour les ingambes et les valides, l'équitation
offre une ressource des plus précieuses.

Les effets produits par l'équitation dépendent :
de la conformation du cheval, du terrain sur lequel il marche, mais surtout de son allure.

La marche au pas est douce et agréable, on
peut l'accélérer à volonté ; elle réussit à beaucoup
de personnes qui montent à cheval.

L'exercice du cheval est un excellent stimulant des voies digestives, à la condition de ne pas
aller à une allure vive immédiatement après le
repas.

Les effets toniques de l'équitation sont incon-
testables. Cet exercice hâte la puberté, modifie
avantageusement la surexitabilité nerveuse, contribue au développement et à la vigueur des muscles, procure une distraction agréable, il opère
sur les organes internes une révolution utile et
agit heureusement, par le secours des émotions,
sur le moral et l'intellect.

Les plaisirs de la *danse* viennent eux aussi, apporter de la diversion dans la vie calme et régu-

lière des eaux, mais il ne faut pas que la soirée fasse une brèche trop profonde dans la nuit.

« Elle est, pour la jeunesse des deux sexes, une sorte de conflit autorisé, où l'âme inspire de vagues instincts, où s'exaltent tous les penchants qui entraînent la nature de l'homme à la sociabilité. Sous l'aiguillon de l'amour-propre et de l'émulation des sens, non moins que par la direction des actes musculaires, le corps se redresse avec plus de grâce, de ressort et d'agilité. L'influence physique et morale de la danse est une ressource thérapeutique pour provoquer la menstruation en retard et pour en combattre les irrégularités ; mais elle est pleine de périls d'un autre genre ; trop répétée, elle surexite les organes de la circulation si mobile, si irritable chez la jeune fille à peine pubère, et la crainte d'être privée d'une jouissance favorite fait taire la douleur, signal d'une lésion grave qui débute et qui s'installe sous le prestige d'une pâleur intéressante et sous les coquettes splendeurs de la mode. » (M. Lévy.)

Aux eaux comme dans le grand monde, pendant comme après le bal, votre plus grand ennemi, jeunes filles, ce sont les refroidissements.

Il est essentiel que la veillée ne soit pas prolongée outre mesure. Dix heures est le terme raisonnable que nous conseillons aux malades de ne pas dépasser.

En général huit à neuf heures de sommeil sont nécessaires aux convalescents surtout, pendant le traitement par les eaux.

« Et quia omne balneum corpus aliqualiter al-

« terat et resolvit, omnibus consulerem, per tem-
« pus hoc, coïtum fore demittendum : quapropter
« fortè non erit inutile uxores suas domi relin-
« quere. » (Mathieu Bendinelli.)

Nous insistons d'autant plus volontiers sur cette recommandation qu'elle doit faire loi pour tous les malades que la goutte ou une affection des organes génito-urinaires attire à Vittel.

Nous ne terminerons pas cette étude sans parler de l'hygiène du moral.

« Toutes les fonctions, tous les organes subis-
« sent l'empire des vicissitudes de l'âme ; l'in-
« fluence morale conserve et détruit, guérit et
« tue. » (M. Lévy.)

« Quand vous arriverez aux eaux minérales, dit
« Alibert, faites comme si vous entriez dans le
« temple d'Esculape ; laissez à la porte toutes les
« passions qui ont agité votre âme, toutes les
« affaires qui ont si longtemps tourmenté votre
« esprit. »

Les malades qui guérissent le mieux et le plus vite doivent en partie cet heureux résultat à leur bon moral.

Le malade doit autant que possible s'abstraire de son mal, il s'attachera à chasser les idées tristes.

Que les malades soient bien convaincus de l'importance du traitement qu'ils vont commencer aux eaux, et l'espérance renaîtra. Il n'existe certainement pas de médication plus ancienne et qui ait opéré des cures plus inattendues.

Une fois la cure achevée, on ne se remettra pas immédiatement à un travail trop assidu ou trop fatigant, on ne rentrera dans la vie active que graduellement et en raison de ses forces.

A moins de circonstances particulières, on ne doit pas commencer un nouveau traitement immédiatement après qu'on aura quitté les eaux ; on devra laisser aux effets consécutifs le temps de se développer.

Le séjour aux eaux est considéré comme un temps de repos, de promenades, de plaisirs ; cependant, il est un organe qui ne se contente pas exclusivement de ces distractions physiques : le cerveau réclame aussi son exercice, que nous lui permettons, mais dans la limite d'une simple distraction.

Il résulte des observations que j'ai citées dans ce travail et de l'analyse que j'ai faite des principaux symptômes des maladies, en signalant pour chacune d'elles l'efficacité des eaux minérales de Vittel, qu'on peut accorder toute confiance à leur emploi dans les maladies suivantes :

Les Maladies de l'estomac,
La Constipation,
Les Calculs biliaires,
La Chlorose, — L'Anémie,
Le Catarrhe de la vessie,
Les Maladies des voies urinaires,
La Gravelle,
La Goutte.

FIN DU VOLUME

TABLE DES MATIÈRES

BIBLIOTHÈQUE IMPÉRIALE

BIBLIOTHEQUE NATIONALE DE FRANCE

3 7531 03085880 8

www.ingramcontent.com/pod-product-compliance
Lightning Source LLC
LaVergne TN
LVHW011225060726
842524LV00014B/808